Franz M. Wuketits
Eine kurze Kulturgeschichte der Biologie

Franz M. Wuketits

Eine kurze Kulturgeschichte der Biologie

Mythen – Darwinismus – Gentechnik

Einbandgestaltung: Jutta Schneider, Frankfurt

Die Deutsche Bibliothek – CIP-Einheitsaufnahme

Wuketits, Franz M.:
Eine kurze Kulturgeschichte der Biologie:
Mythen, Darwinismus, Gentechnik / Franz M.
Wuketits. – Darmstadt: Primus Verl., 1998
ISBN 3-89678-075-1

Das Werk ist in allen seinen Teilen urheberrechtlich geschützt.
Jede Verwertung ist ohne Zustimmung des Verlages unzulässig.
Das gilt insbesondere für Vervielfältigungen,
Übersetzungen, Mikroverfilmungen und die Einspeicherung in
und Verarbeitung durch elektronische Systeme.

© 1998 by Wissenschaftliche Buchgesellschaft, Darmstadt
Gedruckt auf säurefreiem und alterungsbeständigem Werkdruckpapier
Printed in Germany

ISBN 3-89678-075-1

Inhalt

Vorwort VII

Einleitung: Welcher Geist die Biologie gebar 1

1. Das Rätsel des Lebenden: Mythen, Legenden, Verirrungen . 7

2. Die Wissenschaft vom Lebenden und die menschliche Lebenspraxis 19

3. Das Archiv der Naturgeschichte 29

4. Entfesselte Dämonen oder der Glaube an die Beherrschung des Lebens 43

5. Evolution und Revolution: Aufstieg der Menschheit, Aufstieg des Lebens? 53

6. Darwin und die Affenfrage 71

7. Haeckel, Lombroso und Freud 87

8. Ist der Mensch, was er von Natur aus zu sein glaubt? 101

9. Biologie und Ideologie – eine unselige Beziehung 111

10. Manipulation des Lebens: Chance oder Fluch? 121

Schlußbetrachtung: Welche Geister die Biologie rief 130

Anmerkungen 133

Glossar 141

Literatur 149

Register 159
  Namen 159
  Sachen 162

Vorwort

Das vorliegende Buch ist keine Geschichte der Biologie. Es ist vielmehr der Versuch, die sehr verwickelten Beziehungen des menschlichen Geistes zum Leben, zu den Lebewesen, zu erhellen; der Versuch also, die Biologie als einen hervorragenden Aspekt unserer Geistes- bzw. Kulturgeschichte darzustellen. Das Denken verschiedener Epochen hat auch das biologische Denken beeinflußt, so wie dieses umgekehrt dem jeweiligen Weltbild seinen Stempel aufgedrückt hat. Das Denken des 19. Jahrhunderts beispielsweise ist ohne eine Kenntnis der Evolutionstheorie Darwins und ihrer philosophischen und anthropologischen Implikationen nicht wirklich zu begreifen. Man muß aber auch erkennen, daß diese Theorie nicht im luftleeren Raum entstand, sondern vom „Zeitgeist" ihres Jahrhunderts befruchtet und mitgetragen wurde. Daß aber selbst heute noch viele nicht bereit sind, die Lehre Darwins anzuerkennen und in allen ihren Konsequenzen für unser Welt- und Menschenbild zu akzeptieren, ist wiederum auf mächtige geistesgeschichtliche Strömungen zurückzuführen.

Ich wehre mich entschieden gegen die offenbar stillschweigend akzeptierte Trennung der Naturwissenschaft von der Kultur, die sich schon in dem Umstand zeigt, daß in den Zeitungen über beide separat, auf verschiedenen Seiten berichtet wird. Kultur wird reduziert auf Opern- und Theateraufführungen, Konzerte, Malerei und Bildhauerei, Romanliteratur (schöngeistige Literatur) oder, prosaisch gesagt, *fiction*) und Filmproduktionen. Wissenschaft, Naturwissenschaft zumal, ist scheinbar in einer ganz anderen Rubrik anzusiedeln. Unser „artifizielles Jahrhundert", in dem das „Schubladen-Denken" skurrile Ausmaße erreicht hat, hat diese im Grunde absurde Trennung in besonderem Maße gefördert. Tatsächlich ist die (Natur-)Wissenschaft ein besonderer Ausdruck der Kultur, die neuzeitliche (Natur-)Wissenschaft – mit Physik, Chemie und Biologie als tragenden Disziplinen – nicht nur das Ergebnis, sondern auch, umgekehrt, eine der maßgeblichen Triebkräfte der abendländischen Kulturgeschichte.

Freilich erhebe ich mit diesem Buch nicht den Anspruch, auf relativ knappem Raum *allen* Aspekten einer „Kulturgeschichte der Biologie" gebührend Rechnung zu tragen. Ich beschränke mich auf einige der „großen Themen", die die engen Verflechtungen der Biologiegeschichte mit der Kulturgeschichte besonders deutlich zeigen. Wenn dabei vorwiegend die abendländische Kulturgeschichte zur Sprache kommt, dann aus dem einfachen Grund, weil die Biologie, wie sie heute verstanden und betrieben wird, ein Produkt des europäischen Denkens ist oder, weiter gefaßt, der sog. westlichen Zivilisation, was natürlich keinerlei Werturteil über andere Kulturen und Zivilisationen einschließt. Dasselbe gilt z. B. auch für die Physik, die Chemie oder die Linguistik.

Ich will der Leserin und dem Leser nicht mehr Mühe machen als unbedingt nötig und hoffe, eine Sprache gefunden zu haben, die Verständlichkeit fördert. (Ein unverständliches Buch ist ja kein Garant für Tiefsinn.) Es würde mich freuen, wenn das vorliegende Buch nicht nur Biologen, sondern auch – und vor allem – „Geisteswissenschaftler" ansprechen würde. Ich schreibe dieses Wort in Anführungszeichen, weil ich nicht davon zu überzeugen bin, daß „Geist" und „Natur" Widersprüche sind und die sog. Geisteswissenschaften von den sog. Naturwissenschaften wirklich so streng, wie etwa die Vorlesungsverzeichnisse vieler unserer Universiäten vorgeben, getrennt werden können.

Danken möchte ich an dieser Stelle der Wissenschaftlichen Buchgesellschaft, insbesondere Herrn Christian Geinitz, für die wieder sehr erfreuliche Zusammenarbeit, die nun schon seit vielen Jahren währt. Immerhin erblickt mit diesem Band schon das sechste meiner Bücher das Licht der Welt in Darmstadt.

Januar 1997   Franz M. Wuketits

Einleitung:
Welcher Geist die Biologie gebar

> Seltsam ist es, daß man die Wissenschaft als etwas für sich Bestehendes behandelt, und doch ist sie nur Handhabe, Hebel, womit man die Welt anfassen und bewegen soll.
>
> Johann Wolfgang von Goethe

Erste Erfahrungen mit verschiedenen Lebewesen hat schon der prähistorische Mensch gesammelt, der zum Zweck seines Überlebens auf die Kenntnis unterschiedlicher Pflanzen- und Tierarten angewiesen war. Von einer Biologie als *Wissenschaft* vom Leben war er allerdings noch sehr weit entfernt. Sieht man einmal davon ab, daß der Ausdruck „Biologie" überhaupt erst zu Beginn des 19. Jahrhunderts in Umlauf kam,[1] dann muß man unter den antiken Naturforschern und Philosophen die Väter dieser Wissenschaft suchen.

Die alten Mesopotamier und Ägypter hatten bereits einiges an praktischem biologischen Wissen angehäuft, was sich in ihren landwirtschaftlichen und medizinischen Kenntnissen zeigt. Im alten Indien und China war die Beschäftigung mit Lebewesen schon mit philosophischen und religiösen Überlegungen eng verbunden. Bei den Indern standen verschiedene philosophische Schulen miteinander im Widerstreit, so daß Probleme des Lebens aus unterschiedlicher Perspektive behandelt wurden. Materialistische Richtungen wurden ebenso vertreten wie spiritualistische.

Einen nachhaltigen Einfluß auf den Werdegang der Wissenschaft vom Leben übten aber die griechischen Philosophen aus, die im Hinblick auf ihre Wirkungsgeschichte die Denker der anderen antiken Völker überragen. Möglicherweise war der Polytheismus der Griechen für die Freiheit und Vielfalt ihres Denkens verantwortlich. Sie mußten sich nicht *einem* Gott unterwerfen und dessen „Offenbarung" akzeptieren, und es gab keine mächtige Priesterkaste, die sie daran gehindert hätte, nach *natürlichen* Ursachen für die Phänomene zu suchen. Daher erlebte – mit Demokrit (460–370 v. Chr.), Empedokles (492–432 v. Chr.), Leukipp[2] und anderen – der Materialismus seine erste Blüte (vgl. Jürß et al. 1991). Er sollte nicht zuletzt den Menschen die Furcht vor den Göttern nehmen.

Kein anderer antiker Denker hat jedoch die Wissenschafts- und Philosophiegeschichte (und mit ihnen die Geschichte der Biologie) so stark beeinflußt wie Aristoteles (384–322 v. Chr.). Mit Recht kann man ihn als den „Vater der Biologie" bezeichnen, allein schon in Anbetracht seiner detaillierten Studien an vielen Tierarten und seines Interesses an der Vielfalt der Lebewesen und deren möglicher Klassifizierung. Mayr (1979, 1984) sieht Aristoteles' Bedeutung allerdings in der Hauptsache in dem Bestreben, die Prinzipien des Lebens als eigenständige, von den Gesetzen der Physik gleichsam unabhängige Prinzipien zu erkennen. In der Tat war Aristoteles der Meinung, daß die Gesetze der Physik – als mechanische Prinzipien – nicht ausreichen würden, um beispielsweise aus einem Hühnerei ein Huhn zu erzeugen. Damit leistete er einen entscheidenden Beitrag zu einer Kontroverse, die bis ins 20. Jahrhundert die Gemüter erhitzt hat und als *Mechanismus-Vitalismus-Streit* ein umfassendes Kapitel der Wissenschaft vom Leben und ihrer Philosophie darstellt (vgl. z. B. Wuketits 1985, 1989a). Während die Vertreter des Mechanismus die Gesetze der Mechanik als hinreichend für eine Erklärung der Lebensphänomene betrachtet haben, waren die Anhänger des Vitalismus davon überzeugt, daß diese Phänomene nur unter Zuhilfenahme spezifischer „Kräfte" (Vitalkräfte) erklärbar seien, die oft den Charakter spiritueller Mächte (*spiritus, anima, élan vital* usw.) zugesprochen bekommen haben.

Es erscheint plausibel, daß Vitalismus und Mechanismus letzten Endes mit den Tiefenstrukturen des menschlichen Denkens zusammenhängen. Die Flucht ins Metaphysische kennzeichnet das menschliche Denken ebenso wie die Überzeugung, daß alles erklärbar, „machbar" sei. So hartnäckig halten sich diese Denkstrukturen, daß wir von einem fortgesetzten Kampf des *Homo metaphysicus* mit dem *Homo faber* sprechen können und die Geschichte der Biologie als ein ständiges Hin und Her zwischen Materie und Geist, zwischen Mechanismus und Vitalismus, als ein fortwährendes Streitgespräch zwischen Physik und Metaphysik – zwischen einer quantifizierenden, „praxisorientierten" Biologie und einer philosophierenden, auf „Ganzheit" gerichte-

Einleitung: Welcher Geist die Biologie gebar

ten Lebensschau – beschrieben werden kann. Man verstehe das nicht falsch; beide Richtungen haben ihre „Philosophie", aber die Vertreter der einen, der mechanistischen Richtung glauben, „exakte Wissenschaft" zu betreiben und jede Philosophie überwunden zu haben.

Der Glaube an die Beherrschung des Lebens hat, wie wir noch sehen werden, besonders tiefe Spuren in der (europäischen) Geistesgeschichte hinterlassen. Als im 18. Jahrhundert etwa der französische Ingenieur Jacques de Vaucanson (1709–1782) seine „mechanische Ente" konstruierte (siehe Kap. 4, S. 44), sah man sich durchaus in der Überzeugung bestätigt, daß Lebewesen bloß Automaten sind und in solchen daher auch nachgebildet werden können. Heute spukt in manchen Köpfen die Idee herum, daß wir eines Tages sogar in die Lage kommen werden, mittels Gentechnik prähistorische Organismen zum Leben zu erwecken. Der Mensch begnügt sich also keineswegs damit, die Formen des Lebens zu erkennen, die einzelnen Lebenserscheinungen zu erklären und zu verstehen, sondern er ist auch stets von der Naturbeherrschung getrieben, von dem Bestreben, die Dinge um ihn herum zu manipulieren.

Gewiß kommt es nicht von ungefähr, daß in den neuzeitlichen Naturwissenschaften das *Experiment*, als „Ausübung von Macht im Dienste der Erkenntnis" (Weizsäcker 1947, S. 19), als „aktive, ja zumeist gewaltsame Frage an die Natur" (Oeser 1988, S. 68), eine enorme Bedeutung gewonnen hat und die praktische Anwendung (natur)wissenschaftlicher Erkenntnisse stark forciert worden ist. Aber andererseits müssen wir wohl zugeben: „Ohne physikalische und biologische Technik – hierzu gehören alle wesentlichen Bereiche der modernen Medizin und der Agrikultur – würden die meisten von uns innerhalb kurzer Frist zugrunde gehen" (Mohr 1973, S. 14).

Die Biologie wurde also aus jenem Geist geboren, der seit jeher das Doppelantlitz des Menschen prägt, in dem die bloße Neugier, das Staunen und Bewundern mit dem Wunsch, zu beherrschen und zu verändern, innig verwoben sind. Das gilt wohl für alle naturwissenschaftlichen Disziplinen. Natürlich kann der Mensch Wissenschaft um ihrer selbst willen betreiben, seine bloße Forscherneugier zu befriedigen suchen, sich an der Erkenntnis und am Wissen erfreuen; aber dabei ist er nie stehengeblieben, er hat seine Erkenntnisse immer in den Dienst seines Lebens gestellt und sich angesichts der Fülle von Lebewesen und ihrer oft erstaunlichen Leistungen und Eigenschaften gefragt, was sie *ihm* denn wert sein könnten.

Spätestens seit Darwin hat die Biologie, nicht immer zu ihrem Vorteil, „Weltbildcharakter" angenommen. Überraschen braucht uns das jedoch nicht. Wie ich schon an anderer Stelle betonte, ist die Biologie die „lebensnächste" Wissenschaft und ihre Aussagen beziehen sich auf uns verwandte Objekte oder auf uns selbst und haben daher oft unmittelbare anthropologische Konsequenzen (Wuketits 1990). Die Ideologisierung biologischer Aussagen ist eine permanente Gefahr, die sich im Dritten Reich mit besonders erschreckender Klarheit manifestierte. Allerdings darf man darob nicht übersehen, daß über die Gültigkeit einer wissenschaftlichen Aussage (einer Theorie, eines Modells) nicht Ideologien entscheiden. Wissenschaftliche Aussagen (Theorien, Modelle) sind nicht deswegen wahr/richtig oder falsch, weil sie mit einer Ideologie übereinstimmen. Aber Ideologien basieren auf der Annahme unumstößlicher Wahrheiten und unterscheiden sich schon dadurch grundsätzlich von der Wissenschaft. Ich glaube, daß die Biologen aus der Geschichte ihrer Disziplin gelernt haben. Viele würden wahrscheinlich den folgenden Sätzen zustimmen:

„Wie die anderen Naturwissenschaft hat die Biologie [...] zahlreiche Illusionen verloren. Sie sucht die Wahrheit nicht mehr; sie baut ihre Wahrheit auf. Die Wirklichkeit erscheint dann wie ein immer labiles Gleichgewicht. In der Erforschung der Lebewesen zeigt die Geschichte eine Folge von Schwingungen auf, eine Pendelbewegung zwischen Kontinuität und Diskontinuität, zwischen Struktur und Funktion, zwischen Identität der Phänomene und Diversität der Wesen. Im Verlaufe dieses Pendels tritt nach und nach die Architektur des Lebenden hervor, die sich in immer tiefer vergrabenen Schichten offenbart" (Jacob 1972, S. 24).

Anders gesagt: Wir *wissen* heute mehr über die Organisation des Lebenden als etwa die alten griechischen Philosophen oder die Naturhistoriker des 18. Jahrhunderts gewußt haben. Aber das bedeutet nicht, daß sich die Biologen inzwischen im Vollbesitz der Wahrheit befinden, und wir wissen nicht, wohin das Pendel nächstens ausschlagen wird. Eine große Herausforderung an die Kultur unserer Zeit ist die Biologie allemal. Sowohl was ihre Weltbildfunktion betrifft als auch im Hinblick auf die praktische Anwendung ihrer Erkenntnisse (Stichwort: Gentechnik) kommt der Biologie heute wohl eine größere Bedeutung zu als anderen Wissenschaften, auf denen sie jedoch zum Teil aufbaut. Schon vor über 20 Jahren schrieb Weizsäcker (1974, S. 26) dazu folgendes:

Einleitung: Welcher Geist die Biologie gebar

„Spricht man von Wissenschaftsplanung, so würde ich [...] der Biologie eine der höchsten Prioritäten geben. Die ‚biologische Technik' zeigt zum Beispiel mit neuen Getreidezüchtungen, mit Antibiotika und vielen anderen Erfolgen, wessen sie fähig ist; [...] Sie steht freilich nicht weniger unter dem Gesetz der Ambivalenz als die Wissenschaft vom Anorganischen. Die Biologen haben heute noch die Möglichkeit, anders als vor einer Generation die Physiker, sich nicht von den Auswirkungen ihrer Erkenntnisse überraschen zu lassen, sondern diese rechtzeitig zu bedenken und über das öffentliche Bewußtsein auf ihre Kontrolle hinzuwirken."

In der seither vergangenen, gemessen mit den Dimensionen der Wissenschaftsgeschichte sehr kurzen Zeitspanne hat die „biologische Technik" enorme Erfolge erzielt. Fraglich bleibt aber, ob die Biologen die Auswirkungen ihrer Erfolge hinreichend überblicken und rechtzeitig kritisch reflektieren werden. Fraglich bleibt auch, inwieweit das „öffentliche Bewußtsein" kontrollfähig ist. Gerade die Diskussion um die Gentechnik bringt Emotionen ans Tageslicht, die ungeeignet sind, sachlich, kritisch über Gefahren und Chancen dieser Technik zu entscheiden. Dies ist ein Grund mehr, sich mit den engen Verbindungen zwischen Biologie und dem gesellschaftlichen bzw. kulturellen Leben zu beschäftigen. Das vorliegende Buch versteht sich als Einladung dazu. Es will weniger über biologische Tatsachen berichten, sondern vielmehr über Probleme und Problemlösungen bzw. die hinter ihnen stehenden Paradigmen, Denkweisen und Erwartungen; es will über Theorien berichten, ihren jeweiligen geistesgeschichtlichen Hintergrund und ihre jeweiligen Auswirkungen auf unser Denken.

Zwar sind die 10 Kapitel des Buches mehr oder weniger chronologisch angeordnet, aber die historische Reihenfolge von Theorien und Überzeugungen gehört nicht zu unseren Hauptproblemen. Wir werden sehen, daß viele Denkmuster immer wiederkehren, daß bestimmte Probleme in allen Epochen der Geistesgeschichte ihre Bedeutung haben, aber mit verschiedenem geistigen Rüstzeug angegangen werden. Die Langlebigkeit der Kontroversen gehört sicher zu den großen Schwierigkeiten, mit denen jeder Autor konfrontiert ist, der sich mit der Ideen- und Problemgeschichte der Biowissenschaften beschäftigt und diese angemessen darstellen will. Daher stellt auch Mayr (1984, S. 7) richtig fest: „Eine mehr oder weniger ‚zeitlose' Darstellung der Fragen ist in solchen Fällen konstruktiver als eine chronologische."

Der Leser, der in diesem Buch sicher viele historische Einzelheiten vermissen wird, sei auf die entsprechende Literatur verwiesen. Eine komprimierte Einführung in die Geschichte der Biowissenschaften – von der prähistorischen mythologischen Lebenskunde bis zur Entstehung der Genetik und der Entwicklung modernen Evolutionsdenkens – bietet Jahn (1990); ausführlicher, mit vielen historischen Quellen und Kurzbiographien, ist das Werk von Jahn et al. (1982). Eine ganze Reihe von Büchern widmet sich einzelnen historischen Epochen der Biologiegeschichte (z. B. Allen 1975 [20. Jahrhundert bis zur Entstehung der Molekularbiologie]) oder der Geschichte einzelner Disziplinen (z. B. Hausmann 1995 [Molekularbiologie], Johansson 1980 [Genetik], Mägdefrau 1973 [Botanik], Wuketits 1995a [Verhaltensforschung], Zimmermann 1953 [Evolutionsforschung]). Auf zahlreiche weitere, auch speziellere Arbeiten mit vielen historischen Quellen wird in diesem Buch in den entsprechenden Kapiteln noch zu verweisen sein. Recht nützlich ist auch das als Nachschlagewerk angelegte Buch von Asimov (1996), das in chronologischer Reihenfolge die wichtigsten Erfindungen und Entdeckungen des Menschen seit der Steinzeit Revue passieren läßt und eben auch zahlreiche Daten zur Biologiegeschichte enthält.

Das Glossar am Ende des Buches soll die wichtigsten sowie nur kursorisch gebrauchten biologischen und philosophischen Begriffe kurz erklären und somit den Gebrauch des Buches erleichtern. So bleibt mir die Hoffnung, daß der vorliegende Band auch Studenten der Biologie und Philosophie ansprechen und zur Reflexion der Beziehungen zwischen beiden Disziplinen anregen wird. Was ich dabei gern „popularisieren" möchte, ist, daß jede Wissenschaft – hier die Biologie – von philosophischen Prämissen mitgetragen wird und umgekehrt die Philosophie mitträgt. Diese Trivialität von einst muß heute, da die Disziplinen oft künstlich auseinandergerissen werden, erneut in unser Bewußtsein treten, nicht zuletzt deshalb, weil sonst manche Zeichen unserer Zeit nicht wirklich verstanden werden können.

1. Das Rätsel des Lebenden: Mythen, Legenden, Verirrungen

> Das, was unsterblich und was sterblich ist,
> Vom Urbild ist es nur ein Widerschein,
> In den der Schöpfer liebend sich ergießt.
> Denn das lebend'ge Licht, entfloh dem Schrein.
>
> Dante Alighieri

Einzelne Lebewesen haben den Menschen immer fasziniert, und die Frage, was das „Wesen" des Lebens überhaupt ausmacht, gehört zu den ältesten und immerwährenden Problemen der Philosophie. Schon lange bevor sich der Mensch wissenschaftlich und systematisch mit den Lebewesen zu beschäftigen begann, ersann er allerlei Mythen und Legenden über Pflanzen und Tiere, vor allem Tiere, deren Eigenschaften ihn mehr als die der Pflanzen zu faszinieren vermögen. Der menschliche Hang zu Übertreibungen begünstigte früh die „Entstehung" von allerlei Fabeltieren. Fabelwesen sind aus unserer Kulturgeschichte nicht wegzudenken, und was einst als „Naturgeschichte" – oder „Philosophie der Natur" im weitesten Sinne – verstanden wurde, bot erfundenen Geschöpfen ebenso Platz wie realen.[1] Ein Beispiel dafür ist die *Historia naturalis* von Plinius dem Älteren (Gaius Plinius Secundus) (23–79 n. Chr.).

Plinius stand als Offizier in hohen kaiserlichen Ämtern, entfaltete aber eine enorme schriftstellerische Tätigkeit. Er war ein ungeheurer Kompilator, der zum Wissen seiner Zeit vielleicht nicht viel beitrug, dieses aber förmlich aufsog. (Angeblich war er in der Lage, sogar beim Reiten zu lesen.) Seine 37 Bücher umfassende *Naturgeschichte* ist ein gewaltiges Kompendium des damaligen Wissens über die unbelebte und belebte Natur.[2] Dieses Werk blieb lange Zeit das Vorbild jeder Enzyklopädie, obwohl es eine strikte Ordnung vermissen läßt und eher einer Kuriositätensammlung als einer zuverlässigen Informationsquelle gleicht. Über Jahrhunderte stützten sich Naturhistoriker und Reisende auf dieses Werk, in dem über verschiedenste Pflanzen und Tiere (auch Fabeltiere) ebenso umfassend berichtet wird wie über Steine, Metalle, Heilmittel, fremde Länder und Völker und vieles andere mehr. In mancher Hinsicht war diese Sammlung in der Tat lange Zeit nicht zu übertreffen. Sie sicherte ihrem Autor – der beim Ausbruch des Vesuv, den er aus der Nähe beobachten wollte, keinen schönen Tod fand – unumstrittenen Ruhm. Wie kritiklos aber Plinius verschiedene Beobachtungen hinnahm und wie er Wirklichkeit und Fiktion miteinander vermischte, zeigt beispielsweise seine Auffassung über „Metamorphosen":

„Sind Bienen zugrunde gegangen, so soll man sie durch mit Mist bedeckte Stierwänste wieder herstellen können; [...] aus Pferden aber die Wespen und Hornissen, aus Eseln die Käfer, indem die Natur Einiges von jenen in diese verwandelt. Aber von allen diesen Insekten kann man auch die Begattung beobachten" (zit. nach Zimmermann 1953, S. 70).

Vom Evolutionsdenken (siehe 5. und 6. Kapitel) noch weit entfernt, huldigte Plinius also der Meinung bzw. dem Aberglauben, daß sich Arten sozusagen ineinander verwandeln können und daß nach erfolgter „Metamorphose" bestimmte Merkmale dennoch erhalten bleiben. Ähnliche Auffassungen vertraten auch andere Schriftsteller in jener Zeit, so beispielsweise der Römer Claudius Aelianus (2./3. Jahrhundert n. Chr.), von dem uns unter anderem *Bunte Geschichten* erhalten geblieben sind, in denen über einige Naturphänomene, historische Persönlichkeiten und Ereignisse berichtet wird.[3] Wir können daraus z. B. erfahren, wie sich die Ziegen auf Kreta von Pfeilschüssen heilen. Aelianus (vgl. 1990, S. 8) schrieb dazu:

„Die Bewohner der Insel Kreta sind gute Bogenschützen, und so jagen sie mit ihren Pfeilen auch die Ziegen, die auf den Gipfeln der Berge leben. Wenn die Ziegen getroffen werden, dann fressen sie sofort vom Diktamnoskraut. Und kaum haben sie davon gekostet, fallen alle Pfeile von ihnen ab."

Um Mißverständnisse vorzubeugen, sei sogleich bemerkt, daß es hier nicht darum geht, antike Autoren zu verspotten. Wir müssen vielmehr zur Kenntnis nehmen, daß jeder Denker vor dem Hintergrund seiner Zeit die Dinge um ihn herum beobachtet und beschrieben hat. Das gilt auch heute für uns. Unvollständige Beobachtungen und Irrtü-

Das Rätsel des Lebenden: Mythen, Legenden, Verirrungen 9

mer waren kein Privileg früherer Zeiten, sie sind heute nach wie vor gang und gäbe. Wenn man sich darüber hinaus vor Augen führt, wie viele Menschen auch in unserer Zeit jeden nur denkbaren Humbug glauben und wie schnell sich verschiedene Formen des Aberglaubens heute nach wie vor ausbreiten, dann wird man bereit sein, die Fehler und Irrtümer, die in längst verflossenen Epochen unserer Geistesgeschichte begangen wurden, in einem anderen Licht zu sehen. Die Mythen und Legenden, die sich um viele Tiere schon früh rankten, basierten oft auch auf durchaus richtigen Beobachtungen, die jedoch falsche Interpretationen zuließen. Vor allem betrifft das verschiedene *Verhaltensweisen* der Tiere, die schon lange vor der Etablierung einer wissenschaftlichen Verhaltensforschung vom Menschen mit viel Interesse studiert worden waren (vgl. Wuketits 1995 a).

Hat der Mensch nun einerseits Tiere oft sehr unvollständig und flüchtig beobachtet, so hat er ihnen andererseits auch Eigenschaften angedichtet, die sie nicht haben können. Daraus konnten dann leicht Fabeltiere verschiedenster Art entstehen. Das vielleicht bekannteste von ihnen, das sich von der Antike bis zur Neuzeit hartnäckig behaupten konnte und offenbar aus ganz verschiedenen Arten zusammengefügt wurde, ist das *Einhorn* (vgl. Thenius 1997; Abb. 1). Dazu schreibt Wendt (1980, S. 27 f.) folgendes:

„Mit diesem Einhorn beginnt zwar nicht die Geschichte der zoologischen Entdeckungen, aber es entwickelte sich zum bedeutendsten aller Fabeltiere, zu einem mythischen Supertier, für dessen reale Existenz sich die namhaftesten Naturhistoriker von der Antike bis zur Schwelle der Neuzeit verbürgen wollten. In den Schriften von Aristoteles, Plinius und Claudius Aelianus wird es erwähnt; als seine Heimat bezeichnete man entlegene Gebiete in Indien oder in Afrika."

Korrekterweise bemerkt Wendt aber auch, daß die Einhorn-Legende in mancher Hinsicht sogar die zoologische Forschung inspiriert hat: „Auf der Suche nach dem Einhorn stießen Prähistoriker im sibirischen Dauerfrostboden auf Mammutzähne und auf Überreste eiszeitlicher Nashörner. Forscher und Weltreisende entdeckten im Verlauf der Einhorn-Fahndung in Südasien und Afrika die fünf Nashorn-Arten, die es heute noch auf unserer Erde gibt. In den Meeren des hohen Nordens fand sich schließlich der Narwal, ein Vertreter der Zahnwale, dessen schraubenförmig gedrehter Stoßzahn eine Zeitlang auf Einhorn-

10 Das Rätsel des Lebenden: Mythen, Legenden, Verirrungen

Abb. 1: Oben: Darstellung des Einhorns nach Gesners „Naturgeschichte". Unten: Eine der ältesten Darstellungen des Nashorns, das wesentlich zur Einhorn-Legende beitrug. (Nach Wendt 1980.)

Darstellungen zu sehen war und bei dessen wissenschaftlichem Namen (*Monodon monoceros*) das Einhorn sogar Pate stand" (1980, S. 28).

Man sieht: Auch an Fabeltieren kann also etwas Wahres dran sein, wenngleich sie als solche gar nicht existieren. Selbst bruchstückhaftes Wissen kann den menschlichen Geist beflügeln und manchmal sogar zu interessanten und wichtigen Entdeckungen führen, die dann ihrerseits zu weiteren Forschungen und Erkenntnissen anspornen. Es wäre also verfehlt, sich an den Irrtümern früherer Zeiten nur zu belustigen.

Die Beobachtungen und Erkenntnisse, von denen hier die Rede ist, werden meist als *vorwissenschaftlich* eingestuft. Dabei ist es allerdings nicht einfach, zwischen „vorwissenschaftlich" und „wissenschaftlich" eine methodisch und historisch strenge Linie zu ziehen. Würde man beispielsweise die Biologie an die Existenz einer umfassenden Evolutionstheorie knüpfen, dann wären alle vor dem 19. Jahrhundert gewonnenen Erkenntnisse über Lebewesen als vorwissenschaftlich einzustufen. Andererseits darf man nicht übersehen, daß im 17. und

18. Jahrhundert (und zum Teil schon früher) beispielsweise auf dem Gebiet der Anatomie wesentliche Erkenntnisse gewonnen wurden, die evolutionäres Denken im engeren Sinn überhaupt erst möglich machten. Nach Karl R. Poppers vieldiskutierter Auffassung gilt für die Wissenschaft vor allem das Kriterium der *Falsifizierbarkeit*, wonach (wissenschaftliche) Theorien grundsätzlich widerlegbar sein müssen (vgl. Popper 1969, 1972). So gesehen sind viele Theorien, aber auch Aussagen und Wiedergaben von Beobachtungen aus früheren Jahrhunderten durchaus als *wissenschaftlich* zu bewerten. Die *Naturgeschichte* des alten Plinius enthält eine ganze Reihe falsifizierbarer (und inzwischen falsifizierter) Annahmen. Als *vorwissenschaftlich* ist sie aber deshalb zu bezeichnen, weil sie eine Fülle von Naturphänomenen beschreibend aneinanderreiht ohne Zusammenhänge herzustellen und zu erklären. Gerade die *Erklärung* von beobachteten und beschriebenen Phänomenen zeichnet eine „echte" Wissenschaft aus.

In diesem Sinne war Aristoteles schon viel weiter als manche der späteren Philosophen und Naturhistoriker. Er unterschied deutlich zwischen einer rein aufzählenden Bestandsaufnahme und *begründender* Wissenschaft. Seine *Historia animalium* beruht auf der „Ansicht von der Notwendigkeit eines zoologischen Systems sowie eines Systems der Natur überhaupt" (Oeser 1996, S. 13). Der Naturforscher müsse, so postulierte Aristoteles (vgl. 1977, S. 381), „die Natur und die Zusammensetzung des ganzen Wesens im Auge behalten und nicht nur die Teile, die ja von diesem getrennt niemals vorkommen. Man muß nun zuerst bei jeder Gattung das bestimmen, was an und für sich allen Lebewesen zukommt, und dann erst versuchen, die Ursachen davon auseinanderzusetzen. Denn es gibt ja vieles, was vielen Tieren gemeinsam ist, manches schlechthin, wie Füße, Federn, Schuppen nebst den dadurch bedingten Zuständen, während sie andere Organe nur in analoger Weise besitzen. Unter ‚analog' verstehe ich z. B., daß die einen Tiere eine Lunge haben, andere aber an deren Stelle ein sonstiges Organ."

Verglichen mit Plinius' *Naturgeschichte* zeichnet sich also die *Historia animalium* des Aristoteles zunächst einmal dadurch aus, daß sie vom Bedürfnis nach einer systematischen und logischen Ordnung der Dinge und einer Erkenntnis allgemeiner Merkmale der Naturphänomene, der Tiere sowie deren Ursachen geprägt ist. Und während Plinius nur Gelesenes niederschrieb – er stützte sich in seinem Werk auf über 2000 Autoren – und kritiklos die Beschreibung auch vieler Fabelgeschöpfe (geflügelter Pferde, Tiere mit Menschenkopf, einfüßiger Menschen usw.) übernahm, betrieb Aristoteles *empirische* Naturforschung. Er beobachtete und untersuchte viele Tiere und Pflanzen selbst und machte bedeutende Entdeckungen, z. B. den Befruchtungsvorgang bei den Kopffüßern oder die Allantois (= Ausstülpung des embryonalen Darms) bei Vögeln. Seinem Versuch, eine Klassifikation der Tiere vorzunehmen, ging die Überzeugung voraus, man müsse die Lebewesen „nach dem, was im Wesen beruht, und nicht nach dem, was akzidentell ist, einteilen" (zit. nach Jahn 1990, S. 69). Aristoteles' Aufteilung der Tierwelt in „Blutlose" und „Bluttiere" entspricht im wesentlichen der bis in die Gegenwart üblichen Großgliederung des Tierreichs in „Wirbellose" und „Wirbeltiere". Darüber hinaus faßte er verschiedene Arten zu Gruppen zusammen und gelangte zu einem hierarchischen Klassifikationssystem (Abb. 2), das die Tiersystematik noch in der Neuzeit beeinflussen sollte.

In vieler Hinsicht dachte Aristoteles schon sehr „modern", so etwa, wenn er den Übergang vom Unbelebten zum Belebten als allmählich betrachtete. Aus heutiger Sicht ist diese Betrachtung deshalb relevant, weil wir längst davon überzeugt sein dürfen, daß sich die Entstehung des Lebens auf der Erde nicht durch einen einmaligen Schöpfungsakt vollzog und daß Lebewesen durch komplexe physikalische und chemische Prozesse aus unbelebter Materie entstanden. In anderer Hinsicht blieb aber auch Aristoteles ein Kind seiner Zeit, als er unter die Formen der Zeugung einzelner Organismen auch die Urzeugung oder *generatio spontanea* stellte. Diese Auffassung von der spontanen Entstehung einzelner Tiere aus Schlamm, Staub oder Mist gehört zu jenen Verirrungen der Naturforschung, die sich hartnäckig bis in die Neuzeit gehalten haben. Aristoteles selbst stand mit seiner Urzeugungslehre bereits in einer langen Tradition von Denkern, die verschiedene Arten von Urzeugungsprozessen benannt und beschrieben hatten (vgl. z. B. Stöhr 1909).[4] Er meinte, daß einige Tiere weder Eier legen noch ihre Jungen lebend gebären. Beispielsweise würden die Aale, da sie keine Samen- und Eiergänge hätten, aus Schlamm bzw. feuchter Erde entstehen. Es ist in diesem Zusammenhang nicht uninteressant, daß die Fortpflanzungsorgane der Aale erst im späten 19. Jahrhundert – unter anderem in einer Arbeit von Freud (1856–1939) – näher beschrieben wurden.

Das Rätsel des Lebenden: Mythen, Legenden, Verirrungen 13

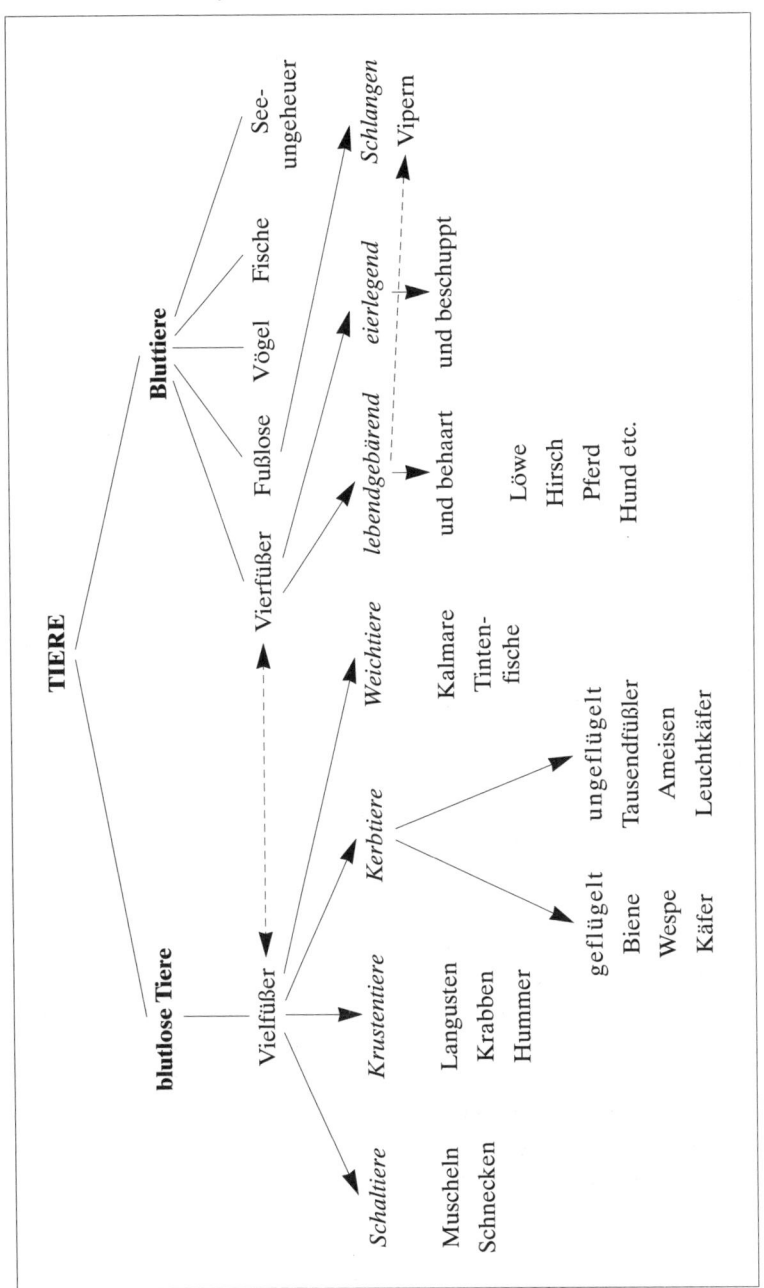

Abb. 2: System der Tiere nach Aristoteles.

Die Vorstellung von der Entstehung von Würmern, verschiedenen Insekten und anderen wirbellosen Tieren aus feuchter Erde, Staub oder auch durch bloße Sonneneinstrahlung haben selbst noch so aufgeklärte Denker wie Diderot (1713–1784) und Kant (1724–1804) vertreten oder zumindest nicht strikt abgelehnt. Zwar sah Kant in der Urzeugungslehre ein „gewagtes Abenteuer der Vernunft", hielt es aber für möglich, daß die Entstehung bzw. Vermehrung von „Ungeziefer" durch Sonneneinstrahlung begünstigt wird (so daß er in seinem Schlafzimmer nie die Fenster öffnete). Viel abenteuerlicher nehmen sich dagegen die Berichte mittelalterlicher Orientreisender aus, die „Schafbäume" gesehen haben wollen: Bäume, aus deren Früchten Schafe entstehen. Anderen solchen Berichten zufolge sollen auch Gänse aus Baumfrüchten entstanden sein. Daher war Gänsefleisch – da vermeintlich pflanzlicher Herkunft – bisweilen als Fastennahrung zugelassen. (Man sieht, daß Ideen über die Natur bzw. einzelne Lebewesen auch das sittliche Verhalten des Menschen, oder halt das, was als sittlich gilt, beeinflussen können.) Wir haben hier Beispiele für „Metamorphosen" vor uns, d. h. für Vorstellungen, wonach Lebewesen fast beliebig aus anderen Organismen hervorgehen können (siehe Plinius!). Ähnlich glaubte auch Paré (1510–1599), einer der Wegbereiter der Chirurgie, daß Parasiten beim Menschen aus dessen „verdorbenen Körpersäften" entstünden. Der arabische Philosoph Avicenna (980–1037) wiederum dachte, daß bei der Entstehung einzelner Lebewesen gelegentlich auch die Gestirne beteiligt sein müssen und behauptete, daß einmal bei einem Donnerschlag ein halbfertiges Kalb auf die Erde gefallen sei.

Das menschliche Wahrnehmungssystem ist nicht perfekt. Der Mensch aber neigt dazu, seinen Sinnen zu vertrauen (ein altes stammesgeschichtliches Erbe!), so daß manche *richtige* Theorie (z. B. die Evolutionstheorie oder die Theorie von der Erde als Kugel, die um die Sonne kreist) lange bekämpft wurde. Wir *sehen* ja, daß sich bei starker Sonneneinstrahlung oder im feuchten Erdboden „Ungeziefer" rascher vermehrt als unter anderen Bedingungen. Aber unsere visuelle Wahrnehmung verrät uns nichts über die tatsächlichen Ursachen dieser Vorgänge; daher werden wir leicht zu falschen Theorien verleitet, wenn wir zwei Ereignisse einfach kausal miteinander verknüpfen. Das soll freilich keine Rechtfertigung der Urzeugungslehre sein. Immerhin aber können wir verstehen, wie solche irrigen Annahmen zustande kommen.

Einer der Gründe für die Hartnäckigkeit, mit der bestimmte (falsche) Vorstellungen über das Leben der Organismen verfolgt wurden, liegt sicher darin, daß Naturforscher und Philosophen über Jahrhunderte Ideen der antiken Denker übernahmen – oft ziemlich kritiklos – und selbst kaum empirische Forschung betrieben. Daher sind auch die in der Antike beschriebenen Fabeltiere erst relativ spät aus der biologischen Literatur verschwunden. Sie finden sich beispielsweise noch bei Conrad Gesner (1516–1565), einem Schweizer Philologen, Arzt und Naturforscher, der sich in der Botanik Verdienste erwarb und auch mit einem mächtigen zoologischen Werk hervortrat. Seine *Historia animalium* – 5 Foliobände mit 4500 Seiten – lehnt sich nicht nur mit ihrem Titel an das entsprechende Werk des Aristoteles an; Gesner übernahm auch die aristotelische Gliederung der Tierwelt, war aber bemüht, in der Literatur alle Hinweise auf die Existenz dieser oder jener Tierart zu finden und studierte das arabische Schrifttum ebenso wie die Schriften der griechischen Antike, der Scholastik und der Frührenaissance. Obwohl sein Werk vor allem durch sehr detaillierte Beschreibungen einzelner Arten – allein dem Pferd sind 176 Seiten, dem Schaf 40 Seiten gewidmet – herausragt, sind manche Biologiehistoriker der Meinung, daß es für die zoologische Systematik wenig gebracht habe (vgl. Jahn et al. 1982). Sicher, Gesner hat die Zahl der schon vor ihm bekannten Tierarten nicht wesentlich ergänzt, aber vor dem Hintergrund seiner Zeit betrachtet ist sein Werk in höchstem Maße respektabel. Im Geist seiner Zeit befangen und im Glauben an die Authentizität von älteren Berichten nahm er, wie gesagt, auch phantastische Wesen und Fabeltiere in seine Beschreibungen auf, obwohl er in vielen Fällen seine Skepsis nicht verhehlte (vgl. Martin 1965). So kommen in seinem Werk neben dem unvermeidlichen Einhorn z. B. auch „Jungfrauenaffen", „Geißmännlein" und „Forstteufel" vor.

Etwas unkritischer war in diesem Zusammenhang der italienische Naturforscher Ulysse Aldrovandi (1522–1605), der ein noch umfangreicheres zoologisches Werk schuf und dem Gesners Enzyklopädie schon zur Verfügung stand. Aldrovandi beschrieb eine größere Zahl von Tierarten als Gesner, übernahm aber ziemlich großmütig die Beschreibung fiktiver Tiere und fiktive Beschreibungen wirklich existierender Arten.

Abgesehen von dem Interesse, das Philosophen und Naturhistoriker einzelnen Lebewesen immer gewidmet haben, sind seit der Antike auch verschiedene Vorstellungen über das Wesen des Lebens entwickelt worden. Wie bereits auf S. 2 bemerkt wurde, war schon Aristoteles der Ansicht, daß die Gesetze der Physik nicht ausreichen, wenn man die komplexen Lebenserscheinungen kausal erklären will. Damit schuf er in methodischer Hinsicht die Grundlagen für eine Biologie als eigenständige Wissenschaft (siehe auch Bäumer-Schleinkofer 1994). Im Zusammenhang mit seinen Studien der Ontogenese der Tiere kam Aristoteles zur Unterscheidung zwischen *Stoff* und *Form*. Nach seiner Auffassung enthält der Stoff (die Materie) nur die Möglichkeit aller organischen Bildungen, während die Form erst die Wirklichkeit einer bestimmten Bildung in sich trägt. Daher argumentierte er, daß die Form das zentrale Anliegen der Naturforschung sein müsse.

Mit dem Begriff der *Entelechie* kennzeichnete Aristoteles die Verwirklichung im Sinne der Wesensvollendung, die Aktualität der Vollendung des Möglichen. Die „ursprüngliche Entelechie" jedes Lebewesens, so meinte er, sei die *Seele*. In seiner Schrift *De anima* („Über die Seele") begründete er eine sehr einflußreiche Philosophie des Lebendigen, die als Gegenpol zum mechanistischen Denken in der Biologie zu sehen ist und ein zentrales Element vitalistischer Vorstellungen darstellt. Die Bedeutung der Seele charakterisierte er folgendermaßen:

„[...] alle natürlichen Körper sind Werkzeuge (Organe) der Seele, und wie von den Tieren, so gilt es auch von den Pflanzen, daß sie der Seele wegen da sind. Zweck aber hat wieder die doppelte Bedeutung dessen, um dessentwillen etwas geschieht, und dessen, wofür etwas geschieht. Die Seele ist aber auch Ausgangspunkt der örtlichen Bewegung, obwohl nicht alle lebenden Wesen dieses Vermögen haben. Endlich beruht auch die Veränderung und das Wachstum auf der Seele. Denn die Empfindung scheint eine Art Veränderung zu sein; Empfindung gibt es aber nirgends ohne Seele" (Aristoteles, vgl. 1977, S. 157).

Gemäß seiner Idee vom hierarchischen Stufenbau der Natur unterschied Aristoteles allerdings drei „Seelenglieder", die zusammen, wie er meinte, nur beim Menschen wirken: Die Pflanzen besitzen nur eine Ernährungsseele, die die Bewegung des Wachstums verursacht; die Tiere haben darüber hinaus noch die Empfindungsseele, die Ortsbewegungen, Wahrnehmungsleistungen usw. bedingt; der Mensch schließlich besitzt auch die Vernunftseele, die sein Denken ermöglicht. Obwohl Aristoteles von der kontinuierlichen Stufenfolge der Natur überzeugt war, war seine Annahme einer speziellen Vernunftseele beim Menschen mitverantwortlich für das Postulat einer Sonderstellung des Menschen in der Natur, das heute nach wie vor eifrig verteidigt wird. Nur wenige können sich mit der These anfreunden, daß auch menschliches Denken sozusagen tierischen Ursprungs sei.

Man darf Aristoteles nicht mißverstehen. Er vertrat keine „Gespenstermetaphysik". Aber seine „Seelengliederung" wurde über Jahrhunderte für biologische und psychologische Spekulationen maßgeblich. Vor allem Denker des *christlichen* Abendlandes nahmen sie bereitwilligst auf, und man kann sich die Philosophie des Mittelalters ohne ihre vielfältigen Bezüge auf die aristotelische Seelenlehre schwer vorstellen. Zwar war das Mittelalter keine so finstere und unproduktive Epoche der Geistesgeschichte wie die Klischeevorstellung behauptet, aber die empirische Forschung trat gegenüber metaphysischen und theologischen Überlegungen über das Wesen der Natur, des Lebens deutlich in den Hintergrund und der Glaube an Autoritäten überschattete jede kritische Überprüfung von Aussagen. Aristoteles blieb ein wichtiger Bezugsautor.

So auch für den Bischof Albert Graf von Bollstädt, besser bekannt unter dem Namen Albertus Magnus (1193–1280), der für sein Zeitalter erstaunlich viel an empirischer biologischer Forschung leistete. Sein Ehrenname „Doctor universalis" kommt nicht von ungefähr; er war ein akribischer Gelehrter, der viele Reisen in kirchenamtlichen Angelegenheiten unternahm. Aristoteles bzw. dessen Lehre war ihm Vorbild, er war der erste große christliche Aristoteliker des Mittelalters. Auch für ihn galt die Seele als maßgebliche Triebkraft des Lebens. In Anlehnung an Aristoteles unterschied er zwischen Pflanzen (mit der *anima vegetativa* oder Lebensseele), Tieren (mit der Lebensseele und der *anima sensitiva* oder Empfindungsseele) und dem Menschen (mit der Lebens- und Empfindungsseele und der *anima rationalis* oder Verstandesseele). Darüber hinaus glaubte Albertus Magnus auch an den Einfluß von Himmelskörpern auf die Entwicklungsvorgänge bei Pflanzen und Tieren und die Organe des Menschen.

Trotz einiger respektabler Leistungen in den Naturwissenschaften mangelte es nach dem Niedergang der Antike an originären Theorien und substantiellen Beiträgen zum Verständnis des Lebenden. Erst mit Beginn der Neuzeit änderte sich diese Situation. Hierzu muß man sich die Allmacht der christlichen Tradition in Europa zu jener Zeit vor

Augen führen. Die theologischen Lehren traten sozusagen mit weltlichem Anspruch auf, und ihre Vertreter versuchten, sich auch in den Naturwissenschaften Geltung zu verschaffen. Zwar wurde Naturforschung auch um ihrer selbst willen betrieben. Gerade Albertus Magnus betrachtete die (Natur-)Wissenschaft als eigenes, nicht von der Theologie abhängiges Gebiet. Indem er aber zugleich die Methode der Naturbeobachtung gleichsam als „Versenkung" in die Fülle der Schöpfung pries, blieb er in der Tendenz an jenem Punkt, um den die gesamte mittelalterliche Naturforschung letztlich kreiste. Das Naturstudium hatte im wesentlichen doch nur den einen Zweck: die Weisheit des Schöpfers und Großartigkeit des Schöpfungsplanes zu beweisen. Glaube und Aberglaube gewannen also über die Naturforschung die Oberhand – ein gutes Beispiel für die Beeinflussung der Wissenschaftsentwicklung durch außerwissenschaftliche Faktoren.

2. Die Wissenschaft vom Lebenden und die menschliche Lebenspraxis

> Meinst du, das Einhorn werde dir dienen und werde bleiben an deiner Krippe? Kannst du ihm dein Joch anknüpfen, die Furchen zu machen, daß es hinter dir brache in Gründen? Magst du dich darauf verlassen, da es so stark ist, und wirst es dir arbeiten lassen? Magst du ihm trauen, daß es deinen Samen dir wiederbringe und in deine Scheunen sammle?
>
> Altes Testament, Buch Hiob

Im 1. Kapitel haben wir uns mit einigen, heute teils abenteuerlich anmutenden „Erklärungen" verschiedener Lebensphänomene beschäftigt. Dabei haben wir gesehen, daß mit Aristoteles eine Wissenschaft vom Leben erstmals in systematischer Hinsicht klare Konturen angenommen hatte und viele spätere Naturforscher mit ihren Werken hinter die methodischen und theoretischen Ansprüche des „Vaters der Biologie" zurückfielen. Während sich nun Philosophen und Naturhistoriker auf der einen Seite bemühten, die Lebenserscheinungen als solche zu begreifen, und Naturforscher bestrebt waren, umfassende Kenntnisse über den anatomischen Aufbau, die physiologischen Leistungen und Lebensweisen einzelner Organismen zu erwerben, stand von Anfang an auch die Frage im Vordergrund, wie alle diese Kenntnisse für den Menschen nutzbar gemacht werden könnten. Selbst das sagenhafte Einhorn wurde, wie das obige biblische Zitat bezeugt, unter dem „Nutzensaspekt" betrachtet. Um welches Tier es sich dabei auch immer gehandelt haben mag – wir sehen, daß der Mensch immer bestrebt war, sich seine Mitgeschöpfe nutzbar zu machen, sie in seine Dienste zu stellen.

Im nachhinein besehen können wir heute sagen, daß der Mensch von seinen biologischen Kenntnissen enorm profitiert hat, und zwar bereits zu einer Zeit, der die Biologie, wie wir sie heute verstehen, weitgehend fremd war. Es begann mit der Haustier- und Kulturpflanzenzüchtung vor über 10000 Jahren im Zusammenhang mit der seßhaften Lebensweise, mit dem Übergang von der aneignenden zur produzierenden Lebensform des Menschen. In Mittelasien wurde vor über 7000 Jahren Ackerbau betrieben und im Vorderen Orient und in Ägypten gab es 4000 v. Chr. bereits eine gut entwickelte Landwirtschaft mit verschiedenen Getreidesorten und Hülsenfrüchten (vgl. Schwanitz 1957). Zu dieser Zeit waren auch schon in verschiedenen Regionen der Erde mehrere Tierarten (Rinder, Schweine, Pferde, Esel, Hunde und andere) domestiziert.[1]

Die Züchtung von Pflanzen und Tieren brachte dem Menschen eine neue Einstellung zur Natur und erforderte die genauere Kenntnis verschiedener biologischer Vorgänge wie Befruchtung, Vererbung und Entwicklung. Aus dem paläolithischen Jäger war nun ein Hüter und Bewahrer zumindest einiger Pflanzen- und Tierarten geworden. Oder, wie Bernal (1970, Bd. 1, S. 93) die Situation charakterisiert:

„Tatsächlich war der Übergang von der Jagd zur Landwirtschaft eine Episode, die wir aus unseren Legenden als ‚Sündenfall‘ kennen. Der Mensch mußte das ‚Paradies‘ oder den ‚Garten Eden‘, d. h. die freien und ertragreichen Jagdgründe verlassen, um im Schweiße seines Angesichts sein Brot zu verdienen."

Man sollte sich davor hüten, das Leben der altsteinzeitlichen Jäger und Sammler zu romantisieren, doch zweifellos erfuhr der seßhafte, Landwirtschaft betreibende Mensch Zwänge, die seinem Vorfahren unbekannt waren. Diese Zwänge aber förderten eine intensive Beschäftigung mit Pflanzen und Tieren, die wiederum eine Grundlage für die spätere wissenschaftliche Untersuchung von Lebewesen bot. Das bedeutet nicht, daß nomadisierende Völker keine biologischen Kenntnisse erwerben, aber ihre Einstellung zu den Lebewesen ist naturgemäß eine andere. Beispielsweise muß der Viehzüchter und Ackerbauer früh zwischen ihm nützlichen und ihm schädlichen Pflanzen- und Tierarten unterschieden haben. Neben die sorgsame Pflege der domestizierten Arten trat also bald die Schädlingsbekämpfung, die alle Organismen erfaßte, die dem Menschen bzw. seinen Nutzpflanzen und -tieren irgendeinen Schaden zufügen können.

Der Mensch begann daher massiv in die Natur einzugreifen. Tiere, die dem paläolithischen Jäger und Sammler gleichgültig sein konnten,

Die Wissenschaft vom Lebenden und die menschliche Lebenspraxis 21

weil sie ihm weder als Nahrungsquelle dienten noch eine Bedrohung darstellten – wie beispielsweise Wühlmäuse oder andere kleine Nager, Körnerfresser unter den Vögeln usw. –, wurden zu Konkurrenten des Ackerbauern. Suchte der Landwirtschaft treibende Mensch einerseits viele Arten zu „veredeln" und durch gezielte, *künstliche Zuchtwahl* seine Erträge zu steigern, so setzte er andererseits alles daran, um viele andere Arten von sich und seinen Nutztieren und -pflanzen fernzuhalten und sie zu vernichten.

Es ist ganz interessant, daß Darwin die künstliche Zuchtwahl gewissermaßen Modell stand, als er seine Theorie der *natürlichen* Auslese formulierte. Auf dieses Beispiel für eine Wechselwirkung zwischen menschlicher Lebenspraxis und Naturerklärung kommen wir aber in Kapitel 5 noch zu sprechen.

Wir können an dieser Stelle jedenfalls festhalten, daß der Mensch von der Wissenschaft vom Lebenden in dem Maße profitierte, in dem diese, erklärend und verstehend, immer tiefer in die Lebenserscheinungen eindrang. Verglichen mit den heutigen gentechnischen Möglichkeiten waren Pflanzen- und Tierzucht für den neolithischen Menschen ein noch sehr mühevolles Unterfangen. Weniger systematische Planungen als zufällige Zuchterfolge begleiteten seine Bestrebungen, von den domestizierten Arten zu profitieren. Sein biologisches Wissen war in der Hauptsache von seiner Intuition getragen; er konnte sich auf keine wissenschaftlichen Ergebnisse verlassen.

Biologie und die Lebenspraxis des Menschen waren also von Anfang an miteinander verknüpft. Ganz allgemein gilt für die Anfänge der Naturwissenschaft, was Mason (1974, S. 15) folgendermaßen formuliert:

„Die Wurzeln der Naturwissenschaft reichen [...] tief und erstrecken sich zurück bis in die Zeit vor dem Auftreten der Zivilisation. Wieweit wir auch die Menschheitsgeschichte zurückverfolgen, immer stoßen wir auf irgendwelche technischen Verfahren, auf Kenntnisse und Vorstellungen, die eine Beschäftigung mit der Natur verraten. Solche Kenntnisse ordnete man jedoch im Altertum allzu gern den Ansprüchen der philosophischen oder der handwerklichen Tradition unter."

Nun gilt für die Geschichte der Biologie ebenfalls, daß die Kenntnisse über Pflanzen und Tiere auch noch lange nach dem Altertum jeweiligen philosophischen oder handwerklichen Traditionen untergeordnet wurden. Was die uns im vorliegenden Kapitel interessierende „handwerkliche Tradition" betrifft, läßt sich an einigen Beispielen zeigen, daß das Studium der Pflanzen und Tiere oft nicht mit eigenständigem wissenschaftlichen Anspruch betrieben wurde, sondern daß die Beschreibung verschiedener lebender Geschöpfe ganz entscheidend unter dem Aspekt ihrer Nützlichkeit für den Menschen stand.

Die antiken Philosophen, allen voran Aristoteles, ragen noch, wie wir gesehen haben, durch teils bahnbrechende theoretische Entwürfe zur Natur des Lebens heraus. Danach aber sank die Biologie „von der Höhe [...] wieder herab und fristete nur noch in den Büchern über Heilmittelkunde ein kümmerliches Dasein" (Mägdefrau 1973, S. 9). Ein Beispiel dafür liefert Dioskorides, auch Dioskurides geschrieben, ein griechischer Arzt aus dem ersten Jahrhundert unserer Zeitrechnung (sein Geburts- und Sterbedatum sind nicht bekannt). Er war der Verfasser eines Werkes über pharmazeutische Botanik, das über Jahrhunderte als Standardlehrbuch der Pharmakologie in Gebrauch und bis zur Renaissance eine wichtige Quelle auf diesem Gebiet war (siehe auch Jahn 1990 und Jahn et al. 1982). Dioskorides lieferte in fünf Büchern detaillierte Beschreibungen von Bäumen, Harzen, Früchten, Getreide, Gemüse, Gewürzen, Kräutern, Essig und Wein. Er beschrieb weit über fünfhundert Pflanzenarten, deren Kennzeichen, Gebrauch und Wirkung. Seine „Botanik" – dieser Ausdruck taucht, als *botaniké*, bei ihm erstmals auf – hatte also primär praktische Ziele.

Überhaupt ist die römische, im Gegensatz zur griechischen Antike weitgehend auf praktische Aspekte gerichtet. Daher gewann auch die Beschäftigung mit Lebewesen eine primär praktische Ausrichtung. Es erscheint zwar etwas übertrieben zu sagen, daß daher „die gesamte römische Naturwissenschaft auf keinem Gebiete irgendwelche neuen Erkenntnisse aufzuweisen" habe (Mägdefrau 1973, S. 11), aber die Haltung der Römer zu den Naturerscheinungen war gewiß eine andere als die der Griechen. Großartige Weltentwürfe und tiefgreifende Versuche, die Natur des Lebens zu begreifen, waren nicht Sache der alten Römer. Andererseits war ihre Literatur reich an Büchern über Landwirtschaft. Auch die Medizin erschien ihnen wichtig.

Der wohl bekannteste Arzt aus jener Zeit ist Galen (oder Galenos) (129–200), der als Leibarzt im kaiserlichen Rom wirkte. Er gilt als der letzte große Vertreter der wissenschaftlichen Medizin in der Antike. Sein auf aristotelischer Grundlage geschaffenes System der Medizin

Die Wissenschaft vom Lebenden und die menschliche Lebenspraxis

war bis in die Neuzeit hinein maßgebend. Galens Arbeit demonstriert auch, welchen Zweck eigentlich die Zoologie seinerzeit hatte. Er schrieb Richtlinien zur Durchführung von Tiersektionen, die wiederum für die Medizin wichtig waren. Denn die systematisch-anatomischen und physiologischen Untersuchungen wurden an Tieren, vorwiegend Säugetieren – und insbesondere Schweinen, Rindern, Hunden, Bären und Affen – durchgeführt. Daraus zog Galen Schlußfolgerungen für die Anatomie und Physiologie des Menschen. Man sieht hier also zugleich, wie alt die Tierversuche im Dienste des Menschen schon sind. Außerdem macht diese Analogisierung der tierischen mit der menschlichen Anatomie klar, daß Ähnlichkeiten zwischen dem Menschen und anderen Lebewesen (zumindest Säugetieren) schon vor zweitausend Jahren ernst genommen wurden, auch wenn man damit mehr praktische Ziele verfolgte und weit entfernt war, diese Ähnlichkeiten stammesgeschichtlich zu deuten.

War also die römische Antike insgesamt ein sehr pragmatisch orientiertes Zeitalter, das die Wissenschaften bloß praktischen Belangen unterordnete, so gilt auch noch für spätere Jahrhunderte für die Disziplinen der Botanik und Zoologie, daß sie gegenüber den für das menschliche Leben unmittelbar wichtigen Gebieten, nämlich Medizin, Pharmazie und Landwirtschaft, zweitrangig waren. Auch an den Universitäten führten sie ein stiefmütterliches Dasein: die Botanik gleichsam als Hilfswissenschaft der Pharmazie, die Zoologie als Randgebiet medizinischer Fakultäten.

Im Mittelalter waren eigenständige Studien von Naturphänomenen im großen und ganzen überflüssig, weil der christliche Glaube alle „relevanten Erklärungen" vorgab:

„Dem mittelalterlichen Menschen war vor allem seine Beziehung zu Gott wichtig. Die Notwendigkeit, die Erscheinungen der Welt rational zu erfassen, spielte nur eine untergeordnete Rolle. Untergeordnet im eigentlichen Sinne des Wortes: denn Erklärungen waren nur dort von Bedeutung, wo sie halfen, die einzelnen Tiere und Pflanzen besser zu nutzen. Sie wurden ja durch Gottes Güte zum Nutzen des Menschen, zur Heilung des Kranken geschaffen" (Flad-Schnorrenberg 1978, S. 40f.).

Daß sich dabei auch allerlei abenteuerliche Vorstellungen entwickeln konnten, darf nicht verwundern. Hildegard von Bingen (1098–1179), Äbtissin der Benediktinerinnenabtei in Bingen bei

Mainz, bald nach ihrem Tode heiliggesprochen, war eine Heilkundige und studierte verschiedene Pflanzen und Tiere. Über den Pirol schrieb sie, er sei „warm und unstet", habe „eine traurige Natur". Daher die Empfehlung: „Wenn jemand an Gelbsucht leidet, so bind ihm dies Vögelein mit allen seinen Federn sterbend über den Magen und die Gelbsucht wird in dieses übergehen und er selbst geheilt werden" (zit. nach Flad-Schnorrenberg 1978, S. 42f.).

Hildegard von Bingen war, ebenso wie Dioskorides, Paracelsus (1493–1541), Plinius und viele andere, Vertreterin einer Heilkunde, die magische mit nichtmagischen Heilmittelempfehlungen vermischte. Die Grenze zwischen beiden war (und ist im nachhinein noch heute) nicht einfach zu ziehen. Jedenfalls spielte die *Iatromagie*, das „magische Denken und Handeln, soweit es sich auf die Erhaltung, Wiedererlangung und Stärkung der Gesundheit bezieht" (Rothschuh 1978, S. 7), von der Antike bis in die Neuzeit (bis zum 17. Jahrhundert) eine wichtige Rolle in der Heilkunst. Dabei dienten Pflanzen und Tiere sozusagen als wichtige Bezugsobjekte. Man glaubte beispielsweise, daß bestimmte Pflanzen, wegen ihrer Formähnlichkeit mit menschlichen Organen, wirksam bei Krankheiten dieser Organe angewendet werden können. Man dürfte sich von bestimmten Verhaltensweisen der Tiere auch abgeschaut haben, daß diese – wie etwa das Saugen oder Lecken an Wunden – eine heilsame Wirkung haben. Solche Verhaltensweisen gingen dann ebenso in magische Praktiken ein wie Erfahrungen mit verschiedenen (oft giftigen) pflanzlichen und tierischen Substanzen. Pflanzen und Tiere spielten also in mancherlei Hinsicht auch im magisch-medizinischen Denken eine wichtige Rolle.

Alle diese Beispiele zeigen, daß zwar das Studium der Lebewesen eine eminent praktische Bedeutung hatte, daß ihm aber die Berechtigung als eigenständiges Studium weitgehend abgesprochen wurde. Eine Biologie als wissenschaftliche Disziplin mit Eigenberechtigung stand lange Zeit gar nicht zur Diskussion. Auf der anderen Seite darf man nicht übersehen, daß durch praktische Anwendungen von Kenntnissen über Pflanzen und Tiere diese Kenntnisse selbst gefördert wurden.

Ein Beispiel für diese Wechselwirkung ist das Studium des *Vogelflugs* (vgl. Barthelmeß 1981, Nachtigall 1973). Das Fliegen hat den Menschen schon immer fasziniert, so daß sich für den Vogelflug nicht nur Ornithologen, sondern auch Ingenieure lebhaft interessiert haben.

Die Wissenschaft vom Lebenden und die menschliche Lebenspraxis 25

Abb. 3: Frühe Darstellungen des fliegenden Vogels, die bereits verschiedene Flugzustände beschreiben. (Nach Nachtigall 1973.)

Bereits frühe Darstellungen des fliegenden Vogels im alten Ägypten, Orient und Griechenland weisen auf dieses Interesse hin (Abb. 3). In dem Maße also, in dem der Vogelflug sozusagen technisch bedeutsam schien, war man auch bereit, sich den Vögeln und ihrer Fortbewegung intensiv zu widmen, was wiederum der „reinen" Vogelkunde zugute kam.

Grundsätzlich gilt, daß man theoretische Erkenntnisse in den Naturwissenschaften immer wieder nach ihrer Anwendbarkeit beurteilt hat. Die treffsichere Anwendung von Erkenntnissen ist gewissermaßen der Gradmesser für die Zuverlässigkeit von Theorien. Dies entspricht durchaus auch jener Auffassung von Wissenschaft, die darauf beruht, daß „die Probleme der Wissenschaft nie allein durch die Eigenschaften der Welt bestimmt waren, sondern stets auch dadurch, daß auf dem betreffenden Gebiet unsere Vorstellungen von der Welt entweder mit dieser oder untereinander in Konflikt standen" (Toulmin 1983, S. 179).

Nun haben Erkenntnisse über Lebewesen nicht nur Anwendungen in der menschlichen Lebenspraxis gefunden, sondern mit den beständig verfeinerten Technologien – die ihrerseits ein Ausdruck für den Versuch sind, die Lebenspraxis zu bewältigen – wurden dem Menschen stets auch neue Dimensionen des Lebenden erschlossen. Man denke in diesem Zusammenhang an die Erfindung des *Mikroskops* und seine Verbesserung bis zum modernen *Elektronenmikroskop*.[2] Durch diese technische Entwicklung „erfolgte Schritt für Schritt die Eroberung des Mikrokosmos der Biologie" (Oeser 1988, S. 139), und diese „Eroberung" ist wiederum von der Medizin nicht mehr wegzudenken.

Mikroskope oder mikroskopartige Instrumente gibt es seit Beginn des 17. Jahrhunderts. Während den antiken Naturforschern nur das eigene Auge als „Beobachtungsapparat" zur Verfügung stand, was eine *naturgemäße* Beschränkung des Beobachtungshorizonts mit sich brachte, konnten die neuzeitlichen Mikroskopiker nach und nach diesen Horizont entscheidend erweitern. Die Anwendung von Mikroskopen brachte dem Studium der Lebewesen auf zwei Ebenen maßgebliche Vorteile. Zum einen wurde es möglich, den inneren Bau der Organismen immer genauer zu studieren, zum zweiten konnte eine neue Welt von Lebewesen systematisch erforscht werden, die sich dem freien Auge verschließt: die Welt der Mikroorganismen.

Der englische Physiker Robert Hooke (1635–1703), ein sehr vielseitiger Naturwissenschaftler, beschäftigte sich unter anderem mit der Beschaffenheit von pflanzlichen und tierischen Geweben. Dem Mikroskop ist es zu verdanken, daß er die *Zelle* entdeckte, den Grundbaustein des Lebenden. Was damals noch niemand ahnen konnte: Die Entdeckung der Zelle sollte in der Biologie auch zu einer der wichtigsten theoretischen Leistungen führen, nämlich zur *Zelltheorie*. Die Einsicht nämlich, daß *alle* Organismenarten, Pflanzen wie Tiere (und selbstverständlich auch der Mensch), aus Zellen bestehen, war mitverantwortlich für die Begründung der Biologie als *Gesamtwissenschaft* vom Leben im 19. Jahrhundert und half, Botanik und Zoologie zu einer einheitlichen Wissenschaft zu verbinden (vgl. Wuketits 1978, 1979).

Ähnlich bedeutsam waren die Arbeiten des holländischen Arztes Jan Swammerdam (1637–1680), dem die Entdeckung der roten Blutkörperchen zu verdanken ist. Swammerdam beschäftigte sich auch jahrelang intensiv mit Insekten und mikroskopierte unzählige Arten. Seine Untersuchungen führten zur Entdeckung der Metamorphose bei verschiedenen Insektengattungen und waren ein Grundstein für die wissenschaftliche Entomologie, die gleichsam von dem Motto getragen war: „Je genauer das mit Lupe oder Mikroskop ausgerüstete Auge die Insekten betrachtet, desto komplizierter erweist sich ihre sichtbare

Die Wissenschaft vom Lebenden und die menschliche Lebenspraxis 27

Struktur" (Jacob 1972, S. 62). Die für ein tieferes Verständnis des Lebenden jedoch entscheidende Einsicht Swammerdams war die Kontinuität der Lebewesen in der Generationenfolge: *Omne vivum e vivo* – jedes Lebewesen kann nur aus einem anderen Lebewesen hervorgehen. Damit war den Vorstellungen von der Urzeugung von Organismen (vgl. S. 12) bereits die Grundlage entzogen, auch wenn sich diese Vorstellungen in manchen Köpfen noch länger halten konnten. *Omne vivum e vivo* – diese fundamentale Erkenntnis wurde schließlich von Virchow (dem wir später, auf S. 85, noch in einem ganz anderen Zusammenhang begegnen werden) zu dem Satz umgedeutet: *Omnis cellula e cellula* (jeder Zelle geht eine andere Zelle voraus).

Die Erfindung und Verbesserung von technischen Instrumenten brachte die Biologie somit immer näher zur Lösung einiger ihrer großen Probleme im Hinblick auf die Organisation und Entwicklung des Lebenden. Der Blick in nie geschaute Welten brachte umgekehrt freilich auch neue Probleme und Problemstellungen mit sich. Damit wuchs die Biologie zu einem immer mächtigeren Umfang heran, der sich in der raschen Aufsplitterung in neue Disziplinen zeigte. Im Laufe der Neuzeit wurden Disziplinen wie die Embryologie, die Zytologie, die Mikrobiologie, die Genetik usw. entweder erstmals begründet oder – wie die Embryologie – neu angesetzt bzw. vor dem Hintergrund neuer Erkenntnisse umstrukturiert.

Diese knappen Bemerkungen und wenigen Beispiele zeigen aber zugleich auch die enge Wechselwirkung zwischen der Entwicklung der Biologie als Wissenschaft und der Entwicklung der Technik. Sie verdeutlichen, daß die Geschichte der Biologie nicht losgelöst betrachtet werden kann von den Problemen des menschlichen Lebens und dem Versuch des Menschen, diese Probleme zu bewältigen. Sie zeigen, daß die Entwicklung einer Disziplin wie der Biologie auch kein geradliniger, sozusagen in sich geschlossener Prozeß ist, in dessen Verlauf Erkenntnisse akkumuliert werden, sondern vielmehr ein „Zickzackweg", auf dem zwar fundamentale Entdeckungen und Einsichten gemacht werden, auf dem es aber ebenso viele Vorurteile und Irrtümer zu beseitigen gilt. Um mit Feyerabend (1976) zu sprechen, ist eine „anarchistische" Charakterisierung der Biologiegeschichte viel zutreffender als die Vorstellung, die Entwicklung der Biologie sei stets in geordneten, harmonischen Bahnen verlaufen.

Wie stark die Biologie bis in die Gegenwart – und heute ganz besonders – von *Erwartungen* mitgetragen wird, zeigt sich in Bereichen wie der Gentechnologie (siehe 10. Kapitel) oder der modernen *Transplantationsmedizin*. „Organverpflanzung", „Organspende", „Organbanken" – diese Begriffe kennt inzwischen jeder schon aus der Tagespresse. Sie wecken Hoffnungen auf die Möglichkeit der Lebensverlängerung und nähren damit einen alten Menschheitstraum. Während Skeptiker davon sprechen, daß der Mensch mit den Mitteln der modernen medizinischen Technik in ein Ersatzteillager verwandelt und seiner Würde als Person beraubt wird, zeigen gerade die Erfolge dieser Technik die Möglichkeit des Weiterlebens auch nach irreparablen Schäden an einzelnen Organen. Und jeder schwer Nierenkranke beispielsweise wird die Spenderniere dankbar annehmen – und wenn sie von einem Gorilla oder Schwein stammen sollte, Hauptsache, er kann weiterleben.

Es ist hier nicht der Ort, die gerade aus ethischer Sicht sehr komplexen Probleme zu diskutieren, die die Verbindung von Medizin und Technik in vielen Fällen mit sich bringt. Tatsache ist jedenfalls, daß der Mensch seit alters versucht, individuelle organische Mängel technisch zu beheben oder fehlende organische Teile durch künstliche zu ersetzen: Arm-, Bein- und Zahnprothesen, Brillen, Hörgeräte, künstliche Gelenke, Herzschrittmacher, künstliche Darmausgänge und Silikonbrüste sind bemerkenswerte Beispiele menschlicher Erfindungskunst. Sie demonstrieren gleichzeitig das Bemühen des Menschen, die eigene Unzulänglichkeit zu korrigieren, die eigene Natur zu beherrschen. Man kann heute nicht sagen, wohin diese Entwicklung führen wird. Sicher aber fördern die immer besseren Möglichkeiten der medizinischen Technik ein bestimmtes Bild vom Menschen, vom Leben, so wie sie auch umgekehrt schon ein bestimmtes Lebenskonzept voraussetzen: der Organismus – auch der menschliche – als komplizierte Maschine, als Räderwerk, das man reparieren kann, indem man einzelne Teile austauscht. Daß die moderne Medizin, indem sie sich dieses Lebenskonzeptes bedient, einerseits zwar das Leben, andererseits aber auch das *Leiden* verlängern kann, sollte uns allemal zu denken geben.

3. Das Archiv der Naturgeschichte

> Die Fledermaus ist das Mittelter zwischen dem Vogel und der Maus, also, daß man sie billig eine fliegende Maus nennen mag.
>
> Conrad Gesner

Das Präparieren, das Ausstopfen von Tieren, insbesondere Vögeln und Säugetieren, ist seit langem eine Methode der Konservierung und Bewahrung des „Lebensbildes" von Tieren. Naturhistorische Museen sind voll von solchen Präparaten. Im 18. Jahrhundert, als Forschungs- und Entdeckungsreisende aus allen Teilen der Welt unter anderem neuentdeckte Vogelarten mitbrachten, waren Methoden der Konservierung besonders gefragt (vgl. Morris 1993). Heute ist die Wirkungsweise von Tierpräparatoren durch Tier- bzw. Artenschutzgesetze eingeschränkt. Es ist nicht mehr erlaubt, jedes beliebige Tier in irgendeinem Land zu töten, um es dann zu Hause zu konservieren. Die Naturhistoriker früherer Zeiten – bis in unser Jahrhundert – kannten noch keine Skrupel; kein Artenschutzabkommen hinderte sie daran, bei ihren Entdeckungsreisen möglichst viele exotische Tiere abzuschießen, um sie dann an ihren heimatlichen Wirkungsstätten systematisch zu studieren und ausgestopft der interessierten Öffentlichkeit zu zeigen.

Mit *Naturgeschichte* werden nach wie vor häufig Vogelbälge, ausgestopfte Säugetiere, Sammlungen von Vogeleiern, Molluskenschalen usw. assoziiert. So falsch ist diese Assoziation nicht. Lange Zeit hatten Zoologen zur Beschreibung fremder Tierarten nur mehr oder weniger gut erhaltene Präparate zur Verfügung. So mußten sich die Erstbeschreiber des Koboldmakis, vor allem Georges Louis Leclerc de Buffon (1707–1788), mit einem unansehnlichen Trockenpräparat dieses Primaten begnügen und ließen daher offen, ob es sich um eine Springmaus oder ein Beuteltier handelt (vgl. Schmutz 1994).

Buffon war überhaupt einer der größten Naturhistoriker aller Zeiten, unterschied sich jedoch von den nüchternen Zoologen seiner Zeit als typischer Galan des 18. Jahrhunderts, der das Geld und sinnliche Genüsse liebte (vgl. Hays 1972). Durch Bildungsreisen erwachte sein Interesse an Naturwissenschaften. Er studierte Mathematik, Physik und Botanik in London und wurde 1739 Mitglied der Pariser Akademie der Wissenschaften und Intendant des *Jardin du Roi* sowie des königlichen Naturalienkabinetts. Die Sammlungen dieser Einrichtungen beschrieb er eifrig und vermehrte sie um viele Exemplare; daraus erwuchs das Nationalmuseum für Naturgeschichte, das *Muséum national d'histoire naturelle*. Im Laufe der Jahre wurde er Mitglied aller bedeutenden wissenschaftlichen Gesellschaften seiner Zeit.

Buffon war in mancher Hinsicht eine für seine Epoche charakteristische Figur: Ein aristokratisch lebender, vornehmer Mann mit humanistischer Bildung, zugleich an den aufstrebenden Naturwissenschaften interessiert und fasziniert von der Vielfalt der Lebewesen. Er lebte in einer Zeit, in der das Interesse an fremden Ländern und deren Bewohnern (Menschen, Tieren und Pflanzen) sehr lebhaft war und die *Naturalienkabinette* eine gewisse Bedeutung erlangt hatten. Man interessierte sich für die Mannigfaltigkeit der Lebewesen, besonders der exotischen. Während aber frühere Sammlungen meist von Privatleuten eher nebenher zusammengestellt worden waren, erfolgte zu Buffons Zeit die Sammlung von Tieren und Pflanzen systematisch und im staatlichen Interesse. Großangelegte Sammelreisen in außereuropäische Länder wurden von den großen europäischen Regierungen in Auftrag gegeben und durchgeführt und standen oft in Verbindung mit wirtschaftlichen oder militärischen Interessen (vgl. Jahn et al. 1982). Das Pariser Nationalmuseum war in vieler Hinsicht einzigartig. Es war eine bedeutende Forschungsstätte mit neun besoldeten Professoren für verschiedene Disziplinen. Lamarck, der erste Evolutionstheoretiker im engeren Sinn (vgl. S. 55), erhielt den Lehrstuhl für wirbellose Tiere, in erster Linie Würmer und Insekten. Diese Geschöpfe wurden seinerzeit wenig beachtet und gehörten nicht zum beliebtesten Gesprächsthema in den Pariser Salons. Lamarck selbst wußte, daß auch die meisten Naturforscher kein ausgeprägtes Interesse an Wirbellosen hatten. Insekten – das ging ja noch, aber Würmer! Das folgende Zitat aus einer populärwissenschaftlichen Naturgeschichte aus dem frühen 19. Jahrhundert spiegelt die damalige Haltung der meisten Menschen zu den Würmern wider (und hätte in mancher Hinsicht noch heute seine Gültigkeit):

„Unter allen Tierklassen ist keine, auf deren Mitglieder der sichtbare Herr der Natur, der Mensch, mit mehr Abscheu und tiefer Verachtung aus seiner Höhe herabblickte, als auf die Würmer. Von Jugend auf gewohnt, sie unter seinen Füßen zu erblicken, verbindet er mit dem Ausdrucke ‚Wurm' den Inbegriff des Verächtlichen, Geringfügigen und Hilflosen, und so gern er sonst die Geschöpfe beobachtet und ihre Natur, ihre Sitten, ihren Bau bewundert, so kann er sich doch kaum entschließen, einen Wurm in die Hand zu nehmen und auch ihm, als einem Glied in der Kette der Wesen, die Aufmerksamkeit zu widmen, die er verdient" (zit. nach Oeser 1996, S. 52).[1]

Dieses Zitat ist in mancher Hinsicht aufschlußreich: Der Mensch als „sichtbarer Herr der Natur", der Wurm als „Glied in der Kette der Wesen" ... Die Bedeutung solcher Metaphern wird uns noch beschäftigen. Was Lamarck betrifft, so hatte er mit seinem Lehrstuhl zwar nicht die attraktivste der Positionen im Pariser Nationalmuseum,[2] aber gerade durch das Studium der wirbellosen Tiere schärfte und förderte er die *analytische* Methode in der Biologie, die für den weiteren Verlauf dieser Wissenschaft von großer Bedeutung war.

Was aber ist nun, in systematisch-wissenschaftshistorischer und methodischer Hinsicht, unter *Naturgeschichte* zu verstehen? Die Antwort auf diese Frage liefert das grandiose, 36 Bände (und mehrere Ergänzungsbände) umfassende Werk von Buffon *Histoire naturelle générale et particulière* (*Allgemeine und spezielle Naturgeschichte*), das zwischen 1749 und 1789 erschien. Seinem Titel nach erinnert das Werk an Plinius (vgl. S. 7) und in der Tat hatte die Naturgeschichte im 18. Jahrhundert noch dieselben Anliegen, nämlich die beobachtbaren Naturphänomene zu erfassen und zu beschreiben. Nur ging das 18. Jahrhundert wesentlich systematischer vor, man begnügte sich nicht damit, zusammenzustellen, was andere Autoren bereits beschrieben hatten, und man übernahm nicht unkritisch alle Erzählungen über Einzelbeobachtungen, so daß Mythen und Märchen über Fabeltiere keinen Platz mehr hatten. Buffons *Naturgeschichte* war also der des Plinius methodisch und sachlich weit voraus und wurde vielen Naturforschern zum neuen Vorbild. In ihrer „inneren" und „äußeren" Form, hinsichtlich ihrer Methodik und ihres Anspruchs läßt sich die Naturgeschichte für das 18. und 19. Jahrhundert folgendermaßen charakterisieren:

„Sie umfaßte [...] eine integrative Betrachtung der geologisch-mineralogischen und geographischen (auch als *Geognosie* zusammengefaßt) und der biologischen Objekte, die nicht nur als Einzelobjekte beschrieben und klassifiziert wurden, sondern als Teil der Gesamtschöpfung und Ausdruck eines weisheitsvollen Weltenplanes auch in ihrem Zusammenhang und ihrer Beziehung aufeinander interessierten, sei es im Rahmen einer Stufenleiter-Ordnung, sei es in ihren räumlichen Beziehungen" (Jahn 1990, S. 228).

In diesem Sinne war „Naturgeschichte" also nicht die bloße Aneinanderreihung verschiedenster Gegenstände, sondern stets auch ein groß angelegter Weltentwurf, wie er beispielsweise auch in Humboldts *Kosmos* zum Ausdruck kommt. Alexander von Humboldt (1769–1859), der bedeutende Forschungsreisende und Kosmopolit, bemühte sich um eine „physische Weltbeschreibung", die er aber ausdrücklich nicht als eine „Enzyklopädie der Naturwissenschaften" sehen wollte, sondern als „Lehre vom Kosmos", die „das Einzelne nur in seinem Verhältniß zum Ganzen, als Theil der Welterscheinungen betrachtet" (Humboldt 1845, Band 1, S. 40). Es ging ihm – auf dessen Anregung 1810 in Berlin nach dem Vorbild des Pariser Nationalmuseums die zoologischen und mineralogischen Museen gegründet wurden – also um eine umfassende Weltsicht, die die Beziehung der einzelnen Naturphänomene zueinander erhellt. Dieser Weltsicht aber ging schon die Überzeugung vom „Zusammenhang aller Dinge" voraus. Ähnlich leitete Buffon seine *Naturgeschichte* auf der Basis seiner Überzeugung ein, „daß man von dem vollkommensten Geschöpf bis zur unförmlichsten Materie, von dem aufs künstlichste gebauten Thiere bis auf die roheste Bergart durch beynahe unmerkliche Stufen herab steigen kann" (zit. nach Jahn 1990, S. 229). Diese Vorstellung von der Kontinuität der Naturdinge war eine der Denkgrundlagen für die Evolutionstheorie; wir kommen darauf im 5. Kapitel zurück.

Die „Stufenanordnung" der Natur, die Vorstellung von der Stufenleiter (*scala naturae*) reicht tief in die abendländische Geistesgeschichte zurück. Wie im 1. Kapitel gesagt wurde, war schon Aristoteles von einem hierarchischen Aufbau der Welt ausgegangen. Für das 18. und zum Teil auch 19. Jahrhundert ist die Stufenleiter eine zentrale Denkfigur. Ein typisches Beispiel dafür ist die *Echelle des êtres naturelles* des Schweizer Naturhistorikers Charles Bonnet (1720–1793), die in Tabelle 1 wiedergegeben ist. Bonnet war Privatgelehrter in Genf; neben zahlreichen physiologischen Experimenten beschäftigte er sich vor allem mit allgemeinen naturhistorischen bzw. naturphilosophischen

Fragen und baute die Idee einer Stufenleiter im 18. Jahrhundert am konsequentesten aus. Dem geistigen Trend seiner Zeit entsprechend schrieb er: „Die Kette des Universums schließt alle Wesen zusammen, verbindet alle Welten, umfängt alle Sphären" (zit. nach Zimmermann 1953, S. 212).

Tab. 1: „Stufenleiter der irdischen Dinge"
(*Echelle des êtres naturelles* nach Bonnet) (1720 – 1793)

L'homme	*Mensch*
Orang-Outan	Orang-Utan
Singe	Affe
Quadrupèdes	*Vierfüßler*
Ecureuil volant	Fliegendes Eichhörnchen
Chauvesouris	Fledermaus
Autruche	Strauß
Oiseaux	*Vögel*
Oiseaux aquatiques	Wasservögel
Oiseaux amphibies	Amphibische Vögel
Poissons volans	Fliegende Fische
Poissans	*Fische*
Poissons rampans	Kletternde Fische
Anguilles	Aale
Serpens d'eau	Wasserschlangen
Serpens	*Schlangen*
Limaces	Nackte Schnecken
Limaçons	Schnecken mit Schale
Coquilages	*Muscheln*
Vers à tuyau	Röhrenwürmer
Teignes	Schaben
Insectes	*Insekten*
Gallinsectes	Gallinsekten
Taenia, ou Solitaire	Bandwurm
Polypes	Polypen
Orties de Mer	Aktinien
Sensitive	Sinnpflanzen
Plantes	*Pflanzen*
Lychens	Flechten
Moisissûres	Schimmel
Champignons, Agarics	Pilze
Truffes	Trüffeln
Coraux et Coralloides	Korallen

Lithophytes	Fossilien
Amianthe	Asbest
Talcs, Gyps, Sélénites	Talk, Gips, Selenit
Ardoises	Schiefer
Pierres	*Steine*
Pierres figurées	Geformte Steine
Sels	*Salze*
Vitriols	Vitriole
Métaux	*Metalle*
Demi-Métaux	*Halbmetalle*
Soufres	*Schwefel*
Bitumes	Erdpech
Terres	*Erden*
Terre pure	Reine Erde
Eau	*Wasser*
Air	*Luft*
Feu	*Feuer*
Matières plus subtiles	Feinere Materien

Welche Attraktionskraft von den Vorstellungen einer Stufenleiter und – damit verbunden – der Idee einer harmonischen Anordnung der Naturphänomene im Sinne steigender Komplexität im 18. Jahrhundert ausging, wird wohl nicht zuletzt dadurch deutlich, daß ihr von Naturhistorikern und Philosophen in verschiedenen Ländern lebhaft Ausdruck verliehen wurde. In Deutschland schrieb z. B. Johann Gottfried Herder (1744–1803) über das stufenweise Auftreten der anorganischen und organischen Körper:

„Vom Stein zum Kristall, vom Kristall zu den Metallen, von diesen zur Pflanzenschöpfung, von den Pflanzen zum Tier, von diesen zum Menschen sahen wir die Form der Organisation steigen, mit ihr auch die Kräfte und Triebe des Geschöpfs vielartiger werden und sich endlich alle in der Gestalt des Menschen, sofern diese sie fassen konnte, vereinen" (Herder 1784, vgl. 1885, Band 4, S. 141).

Keine einhellige Meinung herrschte allerdings darüber, inwieweit der Mensch ein Glied der natürlichen Stufenleiter ist. Buffon nahm ihn aus der Stufenanordnung der Natur heraus, Bonnet ließ ihn unmittelbar nach dem Orang-Utan als höchstes irdisches Geschöpf folgen. Prinzipiell aber liegen allen Stufenleiter-Vorstellungen zumindest die folgenden Ideen zugrunde:

1. Die Welt ist hierarchisch aufgebaut; es gibt „niedrige" und „höhere" Geschöpfe.
2. Die Stufenleiter ist ein ununterbrochenes Kontinuum von Naturdingen.
3. In der stufenförmigen Anordnung der Dinge zeigt sich gewissermaßen der Drang der Natur nach Vervollkommnung.

Eng verbunden sind diese Ideen auch mit der Vorstellung, daß es in der Welt *Fortschritt* gibt, eine Hoffnung, die nicht zuletzt sozialhistorische Motive aufweist (siehe S. 67).

Die Naturgeschichte im 18. Jahrhundert steht somit in enger Verbindung mit der *Naturphilosophie*, ist von dieser in vielen Fällen kaum zu trennen. Es ging keineswegs bloß darum, die immer größere Zahl bekannter Tier- und Pflanzenarten in Museen zu archivieren, sondern auch – und vor allem – die großen Zusammenhänge in der Fülle der Lebewesen zu erkennen. So war das 18. Jahrhundert auch, zumindest in Deutschland, die Blütezeit der *romantischen Naturphilosophie*, der von Johann Wolfgang von Goethe (1749–1832), Friedrich Wilhelm Joseph Schelling (1775–1854) und vielen anderen der Stempel aufgedrückt wurde. Die Grundgedanken dieser Philosophie kreisen um „Ganzheitsprinzipien" in der Natur und wurden nicht ohne Pathos vorgetragen. „Alle Glieder bilden sich aus nach ew'gen Gesetzen. Und die seltenste Form bewahrt im geheimen das Urbild." Diese Worte Goethes (vgl. Goethe 1982, S. 355) sind zugleich repräsentativ für die *idealistische Morphologie*, die das Studium organischer Formen unter den Gesichtspunkt von *Typen* oder *Urbildern* stellt[3] und eine ganze Epoche der Biologiegeschichte maßgeblich beeinflußte (vgl. Meyer-Abich 1949). Im 18. Jahrhundert schienen viele Naturhistoriker und Philosophen geradezu besessen von der Idee, daß die Fülle heutiger Lebewesen auf Urbilder zurückzuführen sei. Die Teile von Organismen dachte man unter dem Aspekt „höherer Ganzheit", und man war davon überzeugt, daß alle Lebewesen in ihren vielfältigen Gestalten, mit ihren vielfältigen Strukturen der Ausdruck von Grundtypen sind. So meinte Oken, „der phantasiereichste, aber auch der überspannteste Vertreter der idealistischen Morphologie" (Mayr 1984, S. 366), der Wirbeltierschädel bestehe aus miteinander verschmolzenen Wirbeln. Überhaupt war für Oken alles nur Teil eines Ganzen, jedes Lebwesen, jedes seiner Organe Indiz für das Streben nach Ganzheit, nach Vollkommenheit. So schrieb er beispielsweise folgendes:

„Die selbständigen Tiere sind nur Teile des großen Tieres, welches das Tierreich ist [...] Das Tierreich ist nur das zerstückelte höchste Tier – Mensch. Die Tiere werden edler, je mehr Organe sich von dem Haupttier zusammen lostrennen und sich vereinigen [...] Die Tiere vervollkommnen sich nach und nach, indem sie Organ an Organ setzen, ganz so, wie sich der einzelne Tierleib vervollkommnet. Das Tierreich wird entwickelt durch Vervielfältigung der Organe" (zit. nach Zimmermann 1953, S. 366).

Die idealistische Morphologie und mit ihr die gesamte (romantische) Naturphilosophie des 18. Jahrhunderts (mit ihren weiten Ausläufern im 19. Jahrhundert) ist nicht zuletzt auch in Verbindung mit ästhetischen Projektionen in die Natur zu sehen. Der *Ästhetizismus* als Lebensgefühl und Geisteshaltung nahm daher in der romantischen Naturphilosophie ihren Ursprung, so wird dieser Ausdruck des offenbar tiefen Bedürfnisses vieler Menschen ist, in der Natur „Schönheit" zu erblicken.

Die romantische Naturphilosophie und die idealistische Morphologie sind allerdings nur *ein* Aspekt der Naturgeschichte im 18. Jahrhundert, *ein* Ideenstrang jener Epoche, in der die Natur mit besonders wachsamen Augen beobachtet und reflektiert wurde. Nicht alle Naturhistoriker hatten ausgesprochen philosophische Interessen. Ein Desiderat war, in die Fülle der Lebewesen endlich Ordnung zu bringen. Seit der Antike waren Lebewesen nach verschiedensten Kriterien geordnet worden, so daß ein Chaos der Systeme die Folge war. Unter dem Gesichtspunkt der Nützlichkeit für den Menschen waren beispielsweise Heilkräuter von Giftpflanzen unterschieden worden, aber eine solche Klassifikation ließ keinerlei „innere Ordnung" erkennen. Pflanzen wie Tiere wurden lange Zeit nach unterschiedlichen Prinzipien geordnet, alles war eigentlich erlaubt: Wassertiere wurden Landtieren gegenübergestellt, Vierfüßer den Vögeln usw. Einen Weg aus diesem Chaos, vor allem im Bereich der botanischen *Systematik* und *Taxonomie*[4], wies der schwedische Naturforscher Carl von Linné (1707–1778). Anders als etwa Buffon, war Linné weniger an großartigen „Naturentwürfen" mit philosophischem Anspruch interessiert, sondern an einem Ordnungssystem, das eine klare Orientierung in der Natur erlaubte. In jungen Jahren unternahm er Expeditionen nach Lappland, wo er botanische, zoologische, geologische und mineralogische Studien trieb (vgl. Mierau 1987) und womit er, wie viele seiner

Zeitgenossen unter den Naturhistorikern, durch Reisen wichtige Impulse für seine Wissenschaft erhielt.

Als Systematiker war sich Linné dessen bewußt, daß es gilt, „Trennungslinien zu ziehen, wo in der Natur selbst keine vorhanden sind" (Oeser 1996, S. 26). Die Tätigkeit des Systematikers besteht demnach zum Unterschied von der des beschreibenden Naturhistorikers darin, Gattungen, Familien, Ordnungen usw. zu „konstruieren". Buffon war anderer Meinung, weil für ihn nur Einzelwesen real waren, Gattungen, Familien, Ordnungen oder Klassen nur in unserer Einbildung bestanden. Doch Linné erkannte, wie ein *natürliches* System der Organismen, im Gegensatz zu einem bloß *künstlich-diagnostischen* beschaffen sein müßte.[5] Demnach geht es um eine gründliche Kenntnis der Beschaffenheit von Lebewesen, ihrer anatomischen Strukturen und ihrer Entwicklung. – Diese Kenntnis wurde im Rahmen der Naturgeschichte des 18. Jahrhunderts durchaus gefördert, und zwar durch die Methode des *Vergleichs* (siehe Weingarten und Gutmann 1993). Diese Methode reicht allerdings weit zurück. Zu einiger Berühmtheit gelangte der Vergleich zwischen dem Vogelskelett und dem Skelett des Menschen von Pierre Belon (1517–1564) (vgl. Abb. 4). Dieser französische Arzt reiste durch Italien, Griechenland, Ägypten und Vorderasien und notierte alle „Merkwürdigkeiten", die ihm begegneten. In methodischer Hinsicht höchst bemerkenswert ist sein Versuch, alle Einzelteile des Skeletts von Vogel und Mensch zu *homologisieren*, also anatomische Entsprechungen zu erkennen. Erst sehr viel später sollte die Erkenntnis von *Homologien* ein wichtiger Bestandteil für den Nachweis der gemeinsamen *Abstammung* von Tieren und Pflanzen werden. Man spricht heute von homologen Organen (oder auch Verhaltensweisen), um eine stammesgeschichtliche Identität, d. h. gleiche phylogenetische Wurzeln verschiedener Lebewesen zu kennzeichnen, mögen diese in ihrem äußeren Erscheinungsbild noch so weit voneinander entfernt liegen. Die klassische Naturgeschichte hat also, auch wenn ihre Vertreter andere Ambitionen hatten, den Weg bereitet für die Entdeckung der Evolution, die die wichtigste Entdeckung in der Geschichte der Biologie überhaupt war.

Bleibt noch die Frage, worin eigentlich die *historische* Komponente in der Natur*geschichte* lag. Naturhistoriker wie Buffon wollten, wie gesagt, die Fülle der Lebewesen auf der Erde beschreiben und waren davon überzeugt, daß dem Leben insgesamt eine „höhere Ordnung"

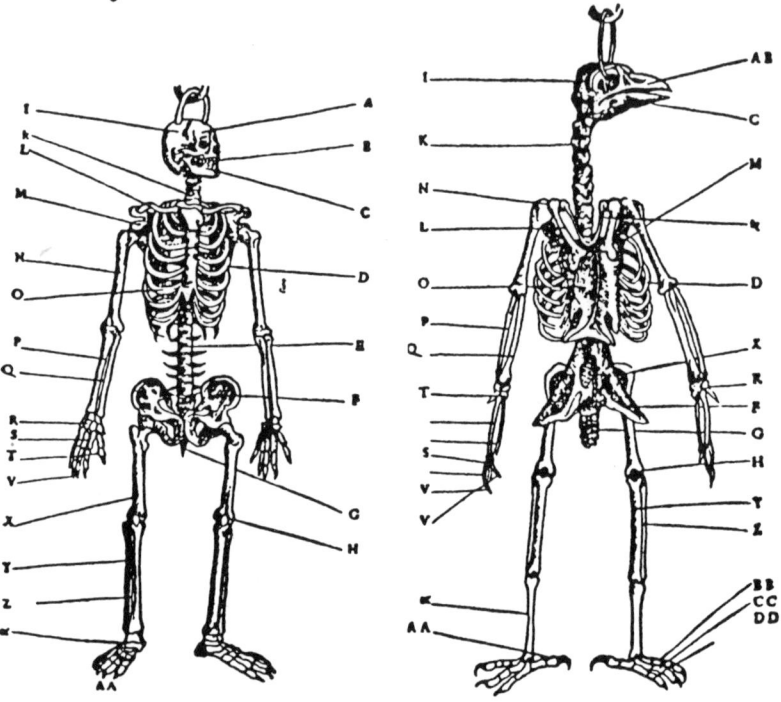

Abb. 4: Belons Darstellung der Skelette von Mensch und Vogel. Diese Darstellung gilt als Illustration für Belons genuinen Beitrag zur vergleichenden Anatomie.

zugrunde liegt. Sie klassifizierten und ordneten die Vielfalt der Organismenarten und beschrieben ihre anatomischen Strukturen. Seit Beginn der Neuzeit waren Physiker damit beschäftigt, allgemeine Gesetze in der Natur zu finden – und hatten damit beachtlichen Erfolg. Aufgrund ihrer ungeheuren Vielfalt trotzten die Lebewesen der Suche nach allgemeinen Naturgesetzen. Mayr (1984, S. 116) schreibt dazu:

„Nur mit einer Methode konnte man hoffen, solche Gesetze zu entdecken: Man klassifizierte die Vielfalt und ordnete sie. Das erklärt, warum die Naturbeobachter im 17., 18. und 19. Jahrhundert davon besessen waren, zu klassifizieren. Das ermöglichte es, wenigstens einige Ordnung in die verwirrende Vielfalt zu bringen. Wie es nun einmal so geht, führte die Klassifikation schließlich tatsächlich zu dem gesuchten Gesetz: der Abstammung (durch Modifikation) von einem gemeinsamen Ahnen. So wichtig erschien im 18. Jahrhundert Zoologen und Botanikern dieser Ordnungsprozeß, daß sie Klassifikation nahezu mit Naturwissenschaft gleichsetzten."

Allerdings waren die Naturbeobachter des 18. Jahrhunderts noch weitgehend von der Schöpfungsidee beseelt. Auf Darwin mußt man noch eine Weile warten. Ihre Naturgeschichte war also in der Hauptsache eine „Geschichte ohne Evolution". Immerhin aber lieferte Buffon in seinem genannten Werk Lebensgeschichten einzelner Arten und beschränkte sich nicht mehr auf die bloße Einzelbeschreibung von Sammelobjekten der Naturalienkabinette. Auch erkannte man allmählich die Variation der Lebewesen unter dem Einfluß verschiedener geographischer und klimatischer Verhältnisse, wenngleich mit dieser Erkenntnis noch kein Evolutionsgedanke im strikten Sinn verbunden wurde. Immerhin waren aber schon Fossilien als Reste einstiger Organismen bekannt, so daß man annehmen mußte, daß die Erde eine *Geschichte* habe. Hier ist wieder Humboldt zu erwähnen, der in seinem *Kosmos* folgendes ausführte:

„Die Weltbeschreibung, nüchtern an die Realität gefesselt, bleibt nicht aus Schüchternheit, sondern nach der Natur ihres Inhaltes und ihrer Begrenzung den dunklen Anfängen einer Geschichte der Organismen fremd: wenn das Wort Geschichte hier in seinem gebräuchlichen Sinne genommen wird. Aber die Weltbeschreibung darf auch daran mahnen, daß in der anorganischen Erdrinde dieselben Grundstoffe vorhanden sind, welche das Gerüst der Thier- und Pflanzen-Organe bilden. Sie lehrt, daß in diesen wie in jener dieselben Kräfte walten, welche Stoffe verbinden und trennen, welche gestalten und flüssig machen in den organischen Geweben" (Humboldt 1845, Band 1, S. 367).

Interessant ist hier also das Aber ... Man hatte schon guten Grund zu der Annahme, daß nicht immer alles so war, wie es sich dem Beobachter heute offenbart.

Es wäre also völlig verfehlt, die klassische Naturgeschichte nur als den Versuch einer losen Sammlung von Beschreibungen zu sehen. Ihre

Vertreter wollten die von ihnen „archivierten" Lebewesen in ihren Zusammenhängen darstellen und die hinter diesen Zusammenhängen liegenden Kräfte erkennen. Wer geneigt ist, die Naturgeschichte als bloße Sammel- und Beschreibungstätigkeit und daher als vor- oder gar unwissenschaftlich abzuqualifizieren, der sollte sich zumindest zweierlei vor Augen führen:
1. Die Naturgeschichte des 18. Jahrhunderts bereitete den Weg zur Biologie als einer eigenständigen Wissenschaft. Es war sehr wichtig zu erkennen, daß Lebewesen komplexe Gebilde sind, die nicht auf die Gesetze der klassischen Mechanik reduziert werden können und eigenständiger wissenschaftlicher Betrachtungsweisen bedürfen.[6]
2. Die Naturhistoriker ebneten den Weg zu einer *dynamischen* Sicht des Lebens. Sie erkannten unterschiedlich komplex entwickelte Lebewesen und porträtierten mit ihren Stufenleitern eine Kontinuität des Organischen auf der Erde, die erst die fundamentale Frage zuließ: Könnte es sein, daß einzelne Lebewesen auseinander hervorgegangen sind?

Einen wichtigen Schritt in dieser Richtung unternahm der Berliner Naturforscher Peter Simon Pallas (1741–1811), der Linnés Systematik aufnahm und sich ebenso mit den Stufenleiter-Vorstellungen beschäftigte (vgl. z. B. Jahn 1990, Oeser 1996, Zimmermann 1953). Die Existenz von (angeblichen) Übergangsformen zwischen Pflanzen und Tieren, der „Tierpflanzen" oder Hydrozoen, die er an der holländischen Küste untersuchte, führte ihn zu der Auffassung, daß die Anordnung der Lebewesen in einer (Stufen-)Leiter den tatsächlichen Verhältnissen nicht gerecht wird. Er dachte an eine baumartige Verzweigung der Lebewesen, einen Baum mit zwei Stämmen von der Wurzel aufwärts (den Pflanzen- und den Tierstamm), die jeweils Seitenäste aussenden. Damit war die Idee vom *Stammbaum* geboren, der in graphischen Repräsentationen der Beziehungen der Organismen untereinander schließlich eine bedeutende Rolle spielen sollte (vgl. O'Hara 1991; Abb. 5).[7] Mit anderen Worten: Der heuristische Wert von Stufenleiter-Vorstellungen lag darin, daß sie zu Überlegungen darüber anregten, ob es Übergangsstufen und Zwischenformen zwischen den einzelnen Gliedern der unbelebten und belebten Natur gibt und wie diese Übergänge gegebenenfalls zu denken wären. Auch wenn die Idee von der Artkonstanz und einmaligen Schöpfung der Lebewesen in der Gedankenwelt des 18. Jahrhunderts fest verankert war, ließ die intensive Be-

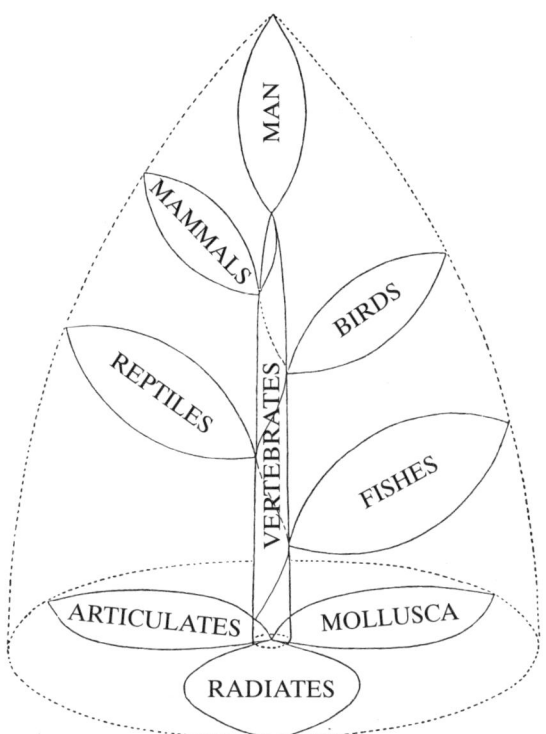

Abb. 5: Eines der Stammbaummodelle des 19. Jahrhunderts. „Stammbaum" der Wirbeltiere aus der 1866 erschienenen *Natural History of Birds* (*Naturgeschichte der Vögel*) von G. Lewis. (Aus O'Hara 1991.)

schäftigung mit „Naturgeschichte" Gedankenspiele zu, die letztendlich zur phylogenetischen Interpretation der Zusammenhänge zwischen den Lebewesen führten und daher eine Revolutionierung nicht nur der Biologie, sondern des gesamten Weltbildes herbeiführten.

Das 18. Jahrhundert, das im Hinblick auf seine Gedankenwelt im späten 17. Jahrhundert beginnt und ins 19. Jahrhundert hineinreicht, ist eine sehr interessante Epoche der abendländischen Kulturgeschichte. Aufgeklärte Monarchen – Friedrich II. (1740–1786) in Preußen, Katharina II. (1762–1796) in Rußland – zeichneten sich durch lebhaftes geistiges Interesse aus, führten sozialpolitische Reformen durch und standen mit den großen Philosophen und Naturhistorikern ihrer Zeit in regem Kontakt. Das Interesse der Regierenden an Naturgeschichte ermöglichte vielen Naturhistorikern auch neue Möglichkeiten in materieller Hinsicht. Freimütiger als in den Jahrhunderten zuvor, konnten sie über die Natur und einzelne ihrer Erscheinungen „spekulieren". Ein Zeitalter liberalen Denkens wurde vorbereitet.

Vor diesem Hintergrund ist das Interesse an Naturgeschichte, das nicht nur die Gelehrten, sondern auch breitere Kreise der Bevölkerung erfaßte, verständlicher. Als Humboldt seine berühmten *Kosmos*-Vorlesungen in Berlin hielt, drängte sich auch die elegante Berliner Damenwelt in der Zuhörerschaft. Daß Frauen wissenschaftliche Vorträge besuchen können, war damals keineswegs selbstverständlich. Humboldt wurde daher einmal gefragt, ob er denn glaube, daß die Damen befähigt sind, seinen Ausführungen auch zu folgen. Darauf antwortete er: „Das ist aber ja garnicht nötig: wenn sie nur kommen, damit thun sie ja schon alles Mögliche" (zit. nach Meyer-Abich 1967, S. 140). Ein solcher Ausspruch würde heute als sexistisch gelten. Man bedenke aber, wie „fortschrittlich" Humboldts Antwort in der damaligen Zeit war. Auch damit wurde eine neue, liberalere Denkweise signalisiert.

Als Humboldt 1859 starb, erschien gerade Darwins Buch *On the Origin of Species*. Diese zeitliche Koinzidenz hat mehr als nur Symbolcharakter. Ohne die großen Weltentwürfe der Naturhistoriker des 18. und frühen 19. Jahrhunderts wären, auch wenn mancher dieser Entwürfe im Spekulativen verhaftet blieb und in romantischen Naturinterpretationen seinen Ausdruck fand, Darwins Evolutionstheorie und ihre Rezeption kaum denkbar. Eine Idee, die in der klassischen Naturgeschichte eine große Rolle spielte, sollte sich aber auch in Darwins Zeit (und sogar die Zeit danach) retten: die Idee des Fortschritts in der Natur mit dem Menschen als Gipfelpunkt der Entwicklung des Lebens auf der Erde. Darauf wird im 5. und 8. Kapitel noch zurückzukommen sein.

4. Entfesselte Dämonen oder der Glaube an die Beherrschung des Lebens

> Zur Vollführung vermag der Mensch nichts weiter, als die Naturkörper zu binden und zu trennen; das Übrige bewirkt die Natur im Innern.
>
> Francis Bacon

Wir machen nun eine thematische Wende von den Versuchen, die Vielfalt der Lebewesen zu begreifen, zu jenen Intentionen, die Naturkräfte zu beherrschen und sich vor allem des Lebendigen zu bemächtigen. *Bemächtigen* ist hier im engeren Sinne des Wortes verstanden: Macht gewinnen über das Leben.

Daß die Wissenschaft vom Lebenden auch mit der menschlichen Lebenspraxis in enger Beziehung steht, wurde schon im 2. Kapitel kurz dargelegt und bedarf keiner weiteren Begründung. Da im letzten Kapitel das 18. Jahrhundert als geistesgeschichtliche Epoche im Vordergrund stand, verweilen wir noch kurz in dieser Zeit, um zu sehen, welche Ideen, Überzeugungen und Vorstellungen von den Lebewesen damals sonst noch vorherrschend waren. Großartige Naturentwürfe, philosophische Deutungen des Zusammenhangs alles Lebenden, die Stufenleiter-Vorstellung von den irdischen Dingen und eine romantische Verklärung der Natur, des Lebens – das waren mächtige Ideenstränge; faszinierend aber war auch die Vorstellung, ja der (scheinbare) Nachweis, daß der Mensch in der Lage sei, lebende Prozesse mechanisch, in Automaten nachzubilden (vgl. Grmek 1972). Hierzu gleich ein anschauliches Beispiel.

Der französische Ingenieur Jacques de Vaucanson (1709–1782), der allerlei raffinierte Spielzeuge konstruierte und technisch ungemein begabt war, baute eine *mechanische Ente*, einen Automaten, der tatsächlich einer lebenden Ente glich (Abb. 6). Cohen (1968, S. 78) beschreibt diese denkwürdige Schöpfung wie folgt:

44 Entfesselte Dämonen oder der Glaube an die Beherrschung des Lebens

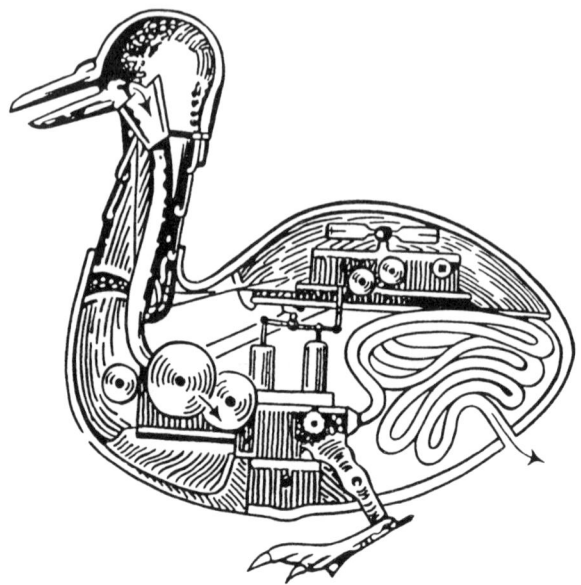

Abb. 6: Vaucansons „Mechanische Ente". (Aus Cohen 1968.)

„Die Ente reckte den Kopf, nahm Körner aus der Hand, schluckte und verdaute sie. Sie trank, paddelte, quakte und imitierte die Bewegungen einer echten Ente, die hastig etwas hinunterschlingt. Die Nahrung wurde nicht zerrieben, sondern durch Auflösung verdaut, und die Verdauungsprodukte werden durch Röhren, die den Därmen entsprechen, bis zum After geführt, wo ein Schließmuskel dafür sorgt, daß sie ausgeschieden werden'."

Wenn ein so kompliziertes Lebewesen wie eine Ente so naturgetreu in einer Maschine nachgebildet werden konnte – bestand dann nicht Anlaß zu dem Glauben, daß Lebewesen selbst, umgekehrt, Maschinen sind? Tatsächlich wurde im 18. und teils schon im 17. Jahrhundert auch eine *Maschinentheorie* des Lebens, ein Automatenstandpunkt in der Beschreibung und Erklärung des Lebenden vertreten (zur Übersicht siehe Wuketits 1985). Diese Theorie wurde aus mehreren Quellen gespeist.

Die eine war die *Iatromechanik*, eine Schule der medizinischen Anatomie mit dem Bestreben, die Funktionen des menschlichen Organismus auf mechanische Funktionen zurückzuführen. Ihr Hauptvertreter war Giovanni A. Borelli (1608–1679), der eine bis heute andauernde biomechanische Tradition begründete, indem er die Rahmenkonstruktion des Menschen als arbeitende Skelett-Muskel-Maschine deutete und die Bewegungen dieser Maschine auf die Verkürzung von Muskeln zurückführte (Gutmann und Bonik 1980). Nach dem gleichen Muster beschrieb Borelli auch verschiedene Bewegungsweisen anderer Lebewesen, verschiedene Stadien des Gehens, Fliegens und Schwimmens bei Säugetieren, Vögeln und Fischen.

Die zweite Quelle war die Auffassung von Lebewesen als Maschinen im engeren Sinn, die untrennbar verbunden ist mit den Arbeiten des französischen Arztes Julien Offray de Lamettrie (1709–1751), eines Geächteten, dessen Materialismus den meisten seiner Zeitgenossen zu viel war. In seiner bekanntesten Schrift, *L'homme machine* (*Der Mensch als Maschine*), verstieg er sich zu nachstehender Behauptung:

„Kommen wir also zu dem kühnen Schluß, daß der Mensch eine Maschine ist, und daß das Universum aus nur einer Substanz – in verschiedenen Modifikationen – besteht. Dieser Schluß ist keineswegs nur eine Hypothese, die aufgrund irgendwelcher Wunschvorstellungen aufgestellt worden wäre: er ist kein Produkt des Vorurteils oder etwa nur meiner persönlichen Vernunft. Einen Führer, den ich für so unzuverlässig halte, hätte ich gewiß abgelehnt, wenn nicht meine Sinne mich veranlaßt hätten, der von ihrer Fackel erleuchteten Vernunft zu folgen. Die Erfahrung sprach also für die Vernunft – also habe ich beide miteinander vereint" (Lamettrie 1748, vgl. 1985, S. 94f.).

Dermaßen „ketzerische" Äußerungen brachten Lamettrie viele Feinde und Verfolger, aber auch die Nachwelt hat an ihm kein gutes Haar gelassen. Man kann aber solche Äußerungen auch als Ausdruck des Bedürfnisses sehen, nach Zeiten der Strenggläubigkeit endlich sagen zu dürfen, was man will und was man denkt. Während Lamettries kurzer Lebensspanne waren aber die meisten nicht bereit, auch nur einmal kritisch darüber nachzudenken, was es mit der These, der Mensch sei eine Maschine, auf sich hat. Dabei lag der große erkenntnislogische Rahmen für diese These ohnehin vor, nämlich in der Philosophie des René Descartes (1596–1650), der die Erscheinungen dieser Welt auf *meßbare* Phänomene reduziert wissen wollte. Descartes beschäftigte sich in mehreren Arbeiten mit dem menschlichen Körper und mit der Organisation von Tieren und führte physiologische Prozesse der Organismen auf Gesetze der Mechanik (Bewegung und

Ausdehnung) zurück. Demnach sind also Organismen nach den gleichen Prinzipien zu erklären wie anorganische Gebilde. Die Physik hatte für das Studium der Lebewesen eine Vorbildfunktion übernommen.

Damit war nicht nur die mechanistische Tradition der Antike (vgl. S. 2) wiederbelebt; inzwischen hatte eine Revolutionierung des Weltbildes stattgefunden, mit Galileo Galilei (1564–1642), Johannes Kepler (1571–1630) und Nikolaus Kopernikus (1473–1543) als treibenden Kräften. Man hatte die Erde aus dem Mittelpunkt der Welt verdrängt und die „Mechanik des Himmels" war verständlich geworden. In enger Beziehung dazu stand die Rückbesinnung auf den Menschen und seine Fähigkeiten. Der Mensch der *Renaissance* sah sich in einem einigermaßen begreifbaren Universum und erkannte seine Fähigkeiten im handwerklich-technischen Bereich. Im Bauwesen, in der Textiltechnik, in der Navigation und auf vielen anderen Gebieten wurden neue Ideen geboren und in die Praxis umgesetzt (siehe z. B. auch Teichmann 1983). Ein neues geistiges Spannungsfeld war entstanden: Auf der anderen Seite lebte der Mensch nicht mehr im Zentrum der Welt, zusammen mit seinem Planeten war er auf ein bescheideneres Maß zusammengestutzt worden; auf der anderen Seite aber erwachten im Menschen ein enormer Erkenntnis-, Erfindungs- und Entdeckungsdrang. Wenn er also schon nicht im Zentrum des Weltalls lebte, dann konnte er zumindest die Genugtuung finden, dieses Weltall zu erklären. Im Anschluß an Keplers *Himmelsmechanik*[1] und Galileis mechanische Beobachtungen auf der Erde entwickelte Isaac Newton (1643–1727) eine *mechanica universalis*, eine universelle Mechanik, die – mit dem Gravitationsgesetz im Mittelpunkt – eine einheitliche Grundlagentheorie für die Naturwissenschaften werden wollte und jedenfalls als klassisches Beispiel für das „integrative Wachstum" der Wissenschaft gilt (Oeser 1979). Die grundlegende Idee war, sehr vereinfacht ausgedrückt, daß sich unsere Welt nach mechanischen Prinzipien beschreiben läßt.

Man mag darüber streiten, welche „praktischen" Konsequenzen diese Idee ursprünglich hatte. Wichtiger ist aber vielleicht folgendes:

„Die wirklich tiefgreifenden Veränderungen hatten sich im Geist der Menschen vollzogen – in ihrer Einstellung zur Natur und zur Naturwissenschaft. Denn die Natur, die Schöpfung Gottes, war endlich ebenso wichtig wie die Offenbarung, und das Studium der Natur erreichte eine neue Lebendigkeit und Disziplin [...] Die kritische Konzentration, mit der die Menschen nun ihren Geist auf individuelle Phänomene richteten, sollte sich bald rechtfertigen. Die Wissenschaft befand sich auf einer steigenden, nicht einer fallenden Welle" (Toulmin und Goodfield 1970, S. 198).

Natur*erfahrung* hatte also eine eminente Bedeutung erlangt, auch wenn damit Gott meist nicht angetastet wurde: Gott konnte ja die Welt erschaffen haben, aber dem Menschen war es gegönnt, sie nach *eigener* Erfahrung darzustellen und zu erklären. Die methodischen Anweisungen dazu lieferte Francis Bacon (1561–1626), Jurist, Politiker, eine schillernde, in manche Machenschaften verwickelte Figur, von großem Ehrgeiz getrieben und mit vielen Ambitionen in den Wissenschaften und in der Philosophie. Seine Anweisung war, kurz gesagt, folgende: Alle Phänomene sind analytisch und unvoreingenommen zu beobachten; *die* Methode der (Natur-)Wissenschaften besteht in der empirischen, vergleichenden und experimentellen Vorgehensweise. Bacons Anleitung, von der Beobachtung von *Einzelphänomenen* auf allgemeine Gesetze zu schließen (*Induktion*), wurde für lange Zeit zu einem methodischen Ideal, das noch heute in vielen Köpfen herumspukt, obwohl längst klar ist, daß auch der Beobachtung von Einzelphänomenen meist schon ein allgemeines Konzept, eine Theorie oder zumindest eine vage Vorstellung über den Zusammenhang der Einzelbeobachtung mit allgemeineren Prinzipien vorausgeht.

Wie dem auch sei, die Naturwissenschaften standen zu Beginn der Neuzeit auf neuen Füßen und signalisierten den Anfang eines, wie sich herausstellen sollte, überaus erfolgreichen Unternehmens. Man mag ja darüber denken wie man will – der „postmoderne Geist" (oder „Ungeist") akzeptiert heute alles und nichts –, aber nirgends auf der Erde wurde je etwas mit der neuzeitlichen Naturwissenschaft Vergleichbares hervorgebracht, wurde je ein geistiges Unterfangen so erfolgreich. Das ist keine Wertung, kein naiver Glaube an die „absolute Richtigkeit" insbesondere der Anwendung naturwissenschaftlicher Erkenntnisse. Daß die Naturwissenschaften, nicht zuletzt die Biologie, mitgeholfen haben, gefährliche Weltanschauungen zu konstruieren, daß die technische Anwendung naturwissenschaftlicher Erkenntnisse nicht nur ein Segen für die Menschheit ist, hat sich herumgesprochen und muß uns hier beschäftigen. Aber stellen wir vorläufig nur fest, welche Hoffnungen die „neue Naturwissenschaft" zuließ.

Die Beschäftigung mit Lebewesen stand im 17. und 18. Jahrhundert unter einem neuen Stern (man könnte diese Metapher fast wörtlich nehmen, weil Physik und Astronomie die neue Naturbetrachtung einleiteten). Der theoretische Erfolg einer allgemeinen Mechanik wirkte sich auch auf die Biowissenschaften aus. Man darf dabei freilich nicht übersehen, daß – mit oder ohne Mechanik – auch im Studium der Lebewesen immer wieder das Desiderat einer *prinzipiellen* Beschreibung und Erklärung spürbar war. Aber die physikalische Mechanik wurde willkommen geheißen und die Verlockung, nach eben *diesen* Prinzipien auch die Strukturen des Organischen zu erklären, war groß. Schließlich ging das Bestreben in die Richtung eines *allgemeinen* Weltbildes, welches also anorganische *und* organische Körper erfassen sollte.

Die Maschinentheorie des Lebens ist unter diesen Vorzeichen verständlich. Es ist keine Frage, daß ihre Vertreter wesentliche Gesichtspunkte des Lebenden sozusagen unter den Teppich gekehrt haben. Was zählte, war die Hoffnung, daß die „Kräfte des Lebens" keine „geheimen Kräfte" und daher bezwingbar sind.

Dazu trug auch der verschärfte Blick ins Innere der Lebewesen bei. Mit dem Aufblühen der neuzeitlichen Naturwissenschaft im allgemeinen kamen auch Physiologie und Anatomie zu neuer Blüte. Stellvertretend für die neuen Pioniere seien hier nur Andreas Vesalius (1514–1564) und William Harvey (1578–1657) erwähnt. Vesalius wandte sich gegen die mittelalterliche Methode von Medizinvorlesungen vom Katheder aus (wobei meist nur aus Texten von Galen [vgl. S. 22] vorgelesen wurde) und führte Sektionen und Demonstrationen an Leichen durch (was ihm keine Sympathie aus kirchlichen Kreisen einbrachte). Damit gelangte er zu einer sehr detaillierten Kenntnis des menschlichen Skeletts, der Muskeln, der Nerven usw., die er in seinem 1543 erschienen Werk *De Humani Corporis Fabrica* (*Vom Bau des menschlichen Körpers*) auch graphisch, in Bildtafeln, wundervoll umsetzte. Der menschliche Körper war damit einiger seiner Geheimnisse beraubt. Harvey trug dazu durch die Entdeckung des Blutkreislaufs bei. Vesalius' und Harveys Arbeiten zusammengenommen boten viele Anregungen zu weiteren Experimenten und fanden Ausdruck in einer Quantifizierung der Strukturen und Funktionen des menschlichen Körpers und der Organismen im allgemeinen. Fundamentale Lebensvorgänge wurden also entmystifiziert, die Konturen einer neuen Physiologie wurden sichtbar (siehe auch Rothschuh 1965). Das aus der Antike überlieferte fragmentarische anatomische und physiologische Wissen wurde durch wesentliche Einsichten ergänzt. Wichtiger aber – wichtiger in geistesgeschichtlicher Hinsicht – war, daß die neuen Erkenntnisse und Betrachtungsweisen der Tendenz einer *Mechanisierung der Natur* folgten (Wuketits 1985). Der Glaube an die Beherrschbarkeit des Lebens gewann also durchaus seine Berechtigung.

Als dann, allerdings erst drei Jahrhunderte später, der Chemiker Friedrich Wöhler (1800–1882) erfolgreich die *Harnstoffsynthese* durchführte, war für manche die alte Hoffnung, lebende Substanzen *künstlich* herstellen zu können, endgültig bestätigt. Eine „Chemie des Lebens" war damit begründet, eine neue empirische Wissenschaft, die dann ihre eigenen Vorstellungen und ihre eigene Sprache entwickelte (vgl. Jacob 1972).[2] Und eines schien deutlich: Wenn eine organische Substanz, und sei es nur Harnstoff, künstlich hergestellt werden kann, dann braucht man keine geheimen Kräfte des Lebendigen anzunehmen.

So wie die Biologie von der Mechanisierung der Natur sozusagen erfaßt wurde, so trug sie umgekehrt zu dieser Tendenz ganz erheblich bei und verstärkte die Grundlagen eines materialistischen Weltbildes. Es ist in gewissem Sinne sicher richtig zu sagen, daß die Biologie immer „des Materialismus liebstes Kind" (Kuhn 1973) war. Denn das Leben barg (und birgt) für den Menschen größere Rätsel als die anorganische Materie. Was sonst sollte also eine bessere Stütze für den Materialismus sein als die Enträtselung der „Lebenskräfte"!

Die materialistische bzw. mechanistische Sehweise in der Biologie hat für den Menschen gewiß auch, sagen wir einmal, *psychologische* Konsequenzen. Er braucht nicht mehr an Geister und Dämonen zu glauben, die das Leben auf geheime Weise steuern, die die Lebensprozesse lenken. Man führe sich etwa vor Augen, welche Folgen Harveys Entdeckung in diesem Zusammenhang hatte. Die Bewegungen des Blutes und des Herzens seien, so war die allgemeine Auffassung bis ins 15. und 16. Jahrhundert, nur Gott bekannt – unergründlich also, vielleicht von einer geheimen Geisterhand beflügelt. Harveys Leistung bestand somit nicht zuletzt auch in der Widerlegung dieser Auffassung und ist eines der besten Beispiele für die Entmystifizierung der Lebensprozesse. Lag für Aristoteles noch im Herzen das Zentrum des Lebens und war das Herz für Poeten aller Zeiten eine unendliche

Quelle von Gefühlen, so erhielt man auf die Frage, was das Herz denn sei, von Anatomen und Physiologen nunmehr, wie schon Büchner[3] (1886, Band 1, S. 5) sagte, folgende Antwort: „Ein hohler Muskel, welcher das Blut auf- und abwärts treibt und dasselbe in den verschiedenen Organen des Körpers vertheilt."

So wie es Anatomen und Physiologen gelungen ist, die „Lebensgeister" ganz allgemein zu vertreiben oder zumindest einzuschüchtern, so verschwanden auch die „animalischen Geister", denen man lange Zeit die Funktionsweise des Gehirns und der Nerven zuschrieb. Noch im 18. Jahrhundert wurde das Phänomen der Erregbarkeit bzw. Reizbarkeit auf eine *vis viva insita*, eine dem Leben des Muskels innewohnende Kraft, zurückgeführt (vgl. Lohff 1980). Andererseits hatte schon Harvey die „Erregung" an die Stelle der Geister (*spiritus*) gesetzt, mechanistisch gedeutet und gemeint, sie sei mit Ebbe und Flut bzw. Licht und Luft vergleichbar, also physikalisch zu erklären. Auch der schon erwähnte Borelli leistete im übrigen seinen Beitrag zur Entmystifizierung des Gehirns und des Nervensystems.[4]

Ein kursorischer Überblick über die Geschichte der *Gehirnforschung* bzw. *Neurobiologie* (vgl. Oeser und Seitelberger 1988) läßt einerseits erkennen, daß die Bedeutung des Gehirns und seine „Zuständigkeit" für die Bewegung anderer, vom Kopf entfernt liegender Glieder und Organe schon früh vermutet wurde. Im 6. Jahrhundert vor unserer Zeitrechnung erkannte der griechische Arzt Alkmaion von Kroton das Gehirn als Zentralorgan der Wahrnehmung und der Erkenntnis (siehe auch Jahn 1990). Andererseits enthält die Geschichte der Gehirnforschung viel Gehirnmythologie. Dazu gehört die seit der Antike durch das Mittelalter bis in die Neuzeit lebhaft vertretene *Ventrikellehre*. Demnach wurde angenommen, daß das Gehirn aus drei Teilen („Zellen") besteht, in denen verschiedene geistige Eigenschaften lokalisiert sind, die ihrerseits von „animalischen Geistern" bestimmt werden. Leonardo da Vinci (1452–1519), einer der größten Gelehrten der Renaissance, der heimlich Leichen sezierte, wollte die Gehirnventrikel sogar anschaulich machen, indem er sie mit Wachs ausgoß. Der Neuerer, der Leonardo auf verschiedenen Gebieten war, blieb also bei der Spukgeschichte von den „animalischen Geistern" stecken. Vesalius hingegen wandte sich strikt gegen die Ventrikellehre und wies darauf hin, daß es überhaupt sinnlos sei, nach dem *Sitz* der Seele bzw. des Geistes (im Gehirn) zu suchen.

Entfesselte Dämonen oder der Glaube an die Beherrschung des Lebens 51

Der entscheidende Durchbruch in der Gehirnforschung, in mancher Hinsicht der Beginn der modernen Neurobiologie, wird aber durch die *Neuronentheorie* markiert. Der spanische Histologe Santiago Ramòn y Cajal (1852–1934) machte sich durch akribische Studien des Gehirns auf mikroskopischer Basis um diese Theorie verdient, die heute, ähnlich der Zelltheorie (vgl. S. 26), eigentlich nicht mehr den Status einer Theorie besitzt, sondern längst zum Lehrbuchwissen gehört. Dieser „Theorie" zufolge besteht also das Nervensystem (einschließlich des Gehirns) aus einzelnen Neuronen oder Nervenzellen, die miteinander – wie später Charles Scott Sherrington (1857–1952) genauer untersuchte – durch sog. Synapsen verbunden sind (vgl. Allen 1978). Allerdings blieb auch Sherrington bei der Überzeugung, daß zwar das Gehirn, der Körper insgesamt, ein physikalisch erklärbares Phänomen sei, dem „Geist" aber sozusagen ein immaterieller Status zukomme (vgl. Sherrington 1946). Diese Überzeugung wird heute nach wie vor gern vertreten – sie scheint die Sonderstellung des Menschen in der Natur zu retten (vgl. S. 105).

Andererseits nährt die moderne Hirnforschung, die – trotz aller noch offenen Fragen – schon zu erstaunlichen Einsichten geführt hat, auch die Hoffnung (oder Befürchtung), daß die geistigen Prozesse oder Bewußtseinsvorgänge materiell, im Gehirn, genau nachvollziehbar sind. Stellt man sich dazu vor, daß eine *Manipulation* des Gehirns auch eine Manipulation des Bewußtseins möglich macht, dann sind vielen Utopien Tür und Tor geöffnet.

Interessant ist ganz generell der Umstand, daß eine materialistische bzw. mechanistische Theorie des Lebens sehr unterschiedlich gedeutet werden kann: als Gefahr oder als Chance für den Menschen.

Der holländische Physiologe Jacob Moleschott (1822–1893), Vertreter eines „Vulgärmaterialismus", gab der Überzeugung Ausdruck, die analytische Methode und materialistische Betrachtungsweise würden zur sozialen Gerechtigkeit beitragen und helfen, die Armut zu bekämpfen. „Ist es nicht eine ganz nothwendige Folgerung, daß die Wissenschaft einmal dahin kommen muß, eine Vertheilung des Stoffs zu lehren, bei welcher Armuth im Sinne eines unbefriedigten Bedürfnisses unmöglich wird?" – so schrieb er, um dann sogleich auf die „heiligste Pflicht der Forscher" zu sprechen zu kommen, die darin bestehe, „daß sie Aecker und Aecker, Blut und Blut, Steine, Pflanzen, Thiere zerlegen, um die Verhältnisse der Vertheilung immer richtiger würdigen zu lernen" (Moleschott 1863, S. 500). So gesehen wäre also eine materialistische Biologie in der Tat grundlegend bei der Lösung der „sozialen Frage". Vielleicht käme dabei der Gehirnforschung eine besondere Bedeutung zu ... (?).

Andere haben immer wieder, oft in krassen Worten, vor dem Materialismus und vor dem Mechanismus gewarnt und die Würde des Menschen gefährdet gesehen. In neuerer Zeit bemerkte beispielsweise Heitler (1970, S. 70): „Eine Wissenschaft, die glaubt, daß Lebensvorgänge auf rein physikalisch-chemische Weise bestimmt sind, [...] kann nur zur völligen Einbuße einer jeglichen Achtung vor dem Leben, auch dem menschlichen, führen." Vielleicht findet man gerade aus diesem Grund unter den Materialisten aller Zeiten besonders viele *Humanisten* ...

5. Evolution und Revolution:
Aufstieg der Menschheit, Aufstieg des Lebens?

> So bilden notwendig alle Ordnungen der natürlichen
> Wesen eine einzige Kette, in der die verschiedenen
> Klassen, wie ebenso viele Ringe, so eng ineinander
> haften, daß es für die Sinne und die Einbildung un-
> möglich ist, genau den Punkt anzugeben, wo die eine
> anfängt und die andere endigt.
>
> Gottfried Wilhelm Leibniz

Das 19. Jahrhundert war in vieler Hinsicht ein Jahrhundert des Aufbruchs. Naturwissenschaft, Wirtschaft und Industrie erlebten kaum geahnte Höhepunkte, aber auch im sozialen Bereich machten sich Änderungen bemerkbar. Im Sog der *Aufklärung* sah sich der Mensch mehr und mehr im Besitze vieler Möglichkeiten, sein Schicksal selbst in die Hand zu nehmen und nicht mehr auf seine weltlichen und kirchlichen Priester und Propheten angewiesen zu sein. (Daß er damit neuen Propheten Tür und Tor öffnete, steht auf einem anderen Blatt.) Das 18. Jahrhundert hatte – zumindest in Frankreich, England und, wenn auch in etwas geringerem Maße, Deutschland[1] – den Menschen in den Mittelpunkt seiner Reflexion und Weltanschauung gestellt und den Bruch mit der Geistesverfassung des Barock markiert (vgl. Vovelle 1996). Kant (1783, vgl. 1968, S. 53) hatte die Aufklärung und den aufgeklärten Menschen folgendermaßen definiert:

„Aufklärung ist der Ausgang des Menschen aus seiner selbst verschuldeten Unmündigkeit. Unmündigkeit ist das Unvermögen, sich seines Verstandes ohne Leitung eines anderen zu bedienen. Selbstverschuldet ist diese Unmündigkeit, wenn die Ursache derselben nicht am Mangel des Verstandes, sondern der Entschließung und des Mutes liegt, sich seiner ohne Leitung eines andern zu bedienen. Sapere aude!

Habe Mut, dich deines eigenen Verstandes zu bedienen! ist also der Wahlspruch der Aufklärung."

Das 19. Jahrhundert schließlich zeigte dem Menschen, daß er mit diesem Wahlspruch richtig lag. Der Glaube an die Beherrschung der Natur, wovon im letzten Kapitel die Rede war, schien seinen endgültigen Sieg davonzutragen. Kaum auf einem anderen Gebiet zeigte sich das so deutlich wie in der Technik, die im 19. Jahrhundert durch eine Unmenge an Erfindungen und Innovationen bereichert wurde. Die Dampflokomotive wurde zum Symbol des „neuen Zeitalters", welches dem Menschen – durch die Anstrengungen seines eigenen Verstandes! – viele Erleichterungen in seinem Leben versprach und als Zeitalter der industriellen Revolution charakterisiert wird. In dieses Zeitalter fällt auch die Erfindung des Telefons, des Kühlschranks, des Fieberthermometers, der Schreibmaschine und des Maschinengewehrs, um nur einige der heute selbstverständlichen technischen Instrumente zu erwähnen (zur Übersicht mit vielen Details siehe Asimov 1996). Die Naturwissenschaften erlebten, auch in ihren theoretischen Disziplinen, insgesamt eine rasante Entwicklung. Gleichzeitig stieg das Ansehen der Wissenschaftler. „Die Wissenschaft erhielt eine immer fester gefügte Organisationsform, und die wissenschaftliche Tätigkeit wurde zu einem Beruf, der den älteren Berufen im Rechtswesen und in der Medizin durchaus vergleichbar war" (Bernal 1970, Band 2, S. 517).

Alles in allem schienen dem Aufstieg der Menschheit keine Grenzen gesetzt zu sein – zumindest aus der Sicht all derer, die von den neuen Entwicklungen profitierten oder in irgendeiner Form daran teilnahmen. Man begann, auf allen Gebieten des Lebens auf die Wissenschaften zu zählen, und durfte sich mit einiger Berechtigung weitere bahnbrechende Entdeckungen und Erfindungen erhoffen. Der wissenschaftliche Fortschritt schien unaufhaltsam, und jedem, der lesen konnte und die Möglichkeit hatte, sich mit den Grundgedanken der Wissenschaften vertraut zu machen, wurde auch eine rasch steigende Zahl von Publikationen angeboten, die ihm erlaubten, an der Entwicklung eines neuen naturwissenschaftlichen Weltbildes Anteil zu nehmen.

Unter diesen Umständen darf es kaum verwundern, daß auch die Biologie im 19. Jahrhundert ganz entscheidend an Bedeutung gewann. Nicht nur wurde der Begriff *Biologie* in diesem Jahrhundert geprägt (vgl. Anmerkung 1 der Einleitung), sondern aus der primär beschreibenden und klassifizierenden Naturgeschichte, wie wir sie im 3. Kapitel charakterisiert haben, wurde eine *theoretisch begründete Gesamtwissenschaft vom Lebenden*, die mit eigenständigen Methoden und Denkweisen alle Aspekte im Leben der Organismen zu beleuchten und kausal zu erklären suchte. Die zentrale Theorie dieser „neuen" Wissenschaft wurde die *Evolutionstheorie*, die mit Namen und Leistungen zweier Naturforscher untrennbar verbunden ist: des Franzosen Jean Baptiste de Lamarck (1744–1829) und des Engländers Charles Darwin (1809–1882). Diese Theorie wird hinsichtlich ihrer Bedeutung für die Biologie am besten durch den vielzitierten Ausspruch des Genetikers und Evolutionsbiologen Theodosius Dobzhansky (1900–1975) charakterisiert: „Nichts in der Biologie macht einen Sinn, außer man betrachtet es im Lichte der Evolution" (vgl. z. B. Dobzhansky et al. 1977, S. V). So verschieden nun die (Evolutions-)Theorien Lamarcks und Darwins auch sein mögen, so unterschiedlich ihre methodischen Grundlagen und Schlußfolgerungen auch sind (vgl. z. B. Wuketits 1988), so werden sie doch zumindest durch drei Denkelemente sozusagen zusammengehalten:

1. Die Idee, daß die Organismenarten nicht konstant, sondern veränderlich sind und sich im Laufe langer Zeiträume gewandelt haben;
2. die Vorstellung, daß die Evolution kontinuierlich, in unzähligen kleinen Schritten verläuft;
3. die Annahme, daß es eine „Höherentwicklung", um nicht zu sagen einen Fortschritt in der Evolution gibt.

Während die Idee von der Veränderung der Arten revolutionär war, obwohl viele Naturforscher und Philosophen schon im 18. und teils sogar 17. Jahrhundert in ihre Nähe gekommen waren,[2] folgten Lamarck und Darwin in den beiden anderen Punkten älteren (natur)philosophischen Traditionen, die aber ihrerseits gut zum Zeitgeist des 19. Jahrhunderts paßten.

Natura non facit saltus, „Die Natur macht keine Sprünge", hatte Leibniz gesagt und damit das seit der Antike bekannte *Kontinuitätsprinzip* präzisiert, dem zufolge die Natur schrittweise vom Unbelebten zum Belebten fortschreitet, so daß es schwer erkennbar sei, wo die Grenze zwischen beiden Bereichen zu ziehen ist. Die grandiose Idee, die diesem Primzip zugrunde liegt und weite Teile der abendländischen Geistesgeschichte begleitet, ist die von der „großen Kette des Seins" (Lovejoy 1936), die alle Wesen zusammenhält, alle Sphären miteinander verbindet und die Natur als unteilbares Ganzes erscheinen läßt. In der Evolutionstheorie bezeichnet man die Auffassung von einer kontinuierlichen und langsamen Entwicklung als *Gradualismus*. Darwin selbst hat sich in seinem evolutionstheoretischen Hauptwerk *On the Origins of Species* (*Über die Entstehung der Arten*) dazu deutlich ausgedrückt:

„Da die natürliche Zuchtwahl nur durch eine Häufung kleiner aufeinanderfolgender günstiger Abänderungen wirkt, so kann sie keine großen oder plötzlichen Modifikationen hervorrufen. Daher die Regel: *‚Natura non facit saltum'*, die sich mit jeder neuen Erfahrung zu befestigen scheint und nach meiner Theorie auch durchaus verständlich ist" (Darwin 1859, vgl. 1967, S. 654).

Die enorme Bedeutung, die das Kontinuitätsprinzip im Evolutionsdenken des 19. (und auch des 20.) Jahrhunderts hatte, sowie seine philosophiehistorischen Voraussetzungen und Implikationen werden z. B. bei Bowler (1988) und Zimmermann (1953) ausführlich dargelegt. Die Vorstellung einer kontinuierlichen Evolution begegnet aber auch einem Grundbedürfnis des Menschen: Eine sich langsam, in kleinen Schritten entwickelnde Welt vermittelt ein Gefühl der Geborgenheit, während „Entwicklungssprünge", unberechenbare, plötzlich auftretende Änderungen beunruhigend und verunsichernd wirken.

Zwar ging im 19. Jahrhundert, wie gesagt, die Entwicklung der Wissenschaften und der Technik sehr schnell vor sich, so daß weniger Kontinuität als vielmehr Diskontinuität bemerkbar wurde. Aber man konnte sich diese rasante Entwicklung eingebettet in einen größeren, kontinuierlich verlaufenden Prozeß vorstellen, den eben die organische Evolution vollzog, sozusagen als die große Klammer aller Entwicklungsprozesse, die nun den Menschen und seinen Erfindungsreichtum erfaßten.

Gleichzeitig bot die Vorstellung einer kontinuierlichen Evolution auch dem Fortschrittsdenken einen soliden Untergrund. Evolutionsideen des 19. Jahrhunderts traten in der Gestalt von Fortschrittstheorien auf (vgl. Goll 1972). Sie stimmten mit der allgemeinen Euphorie über den naturwissenschaftlich-technischen Fortschritt überein. Lamarck, der unter dem Einfluß der französischen Aufklärung stand, war davon überzeugt, daß Evolution *Fortschritt* bedeutet. Darwin, der mit seiner Theorie der natürlichen Auslese oder Selektion jeden teleologisch wirkenden Faktor, jede Absicht in der Natur verabschiedete, glaubte immerhin an eine Höherentwicklung in der

Evolution und eine insgesamt sehr hoffnungsvolle Zukunft des Menschen.

Kurz gesagt, das Evolutionsdenken des 19. Jahrhunderts paßte einerseits zu dem auf vielen Gebieten vertretenen Glauben an den Fortschritt und bot andererseits diesem Glauben auch eine wichtige naturwissenschaftliche Stütze. Zugleich hatte, wie bei Darwin (1871) deutlich wird, die Idee einer Höherentwicklung auch eine moralische Komponente. Darwin glaubte vor allem an eine „moralische Verbesserungsfähigkeit" des Menschen und sah in der Entwicklung der Moralität einen wichtigen Faktor der Menschwerdung im Rahmen der Evolution durch natürliche Auslese (vgl. Pennock 1995). Mehr als jede andere Evolutionskonzeption des 19. Jahrhunderts ist aber die Theorie des englischen Philosophen Herbert Spencer (1820–1903) von ethischen (und sozialpolitischen) Ideen durchzogen.

Spencers Bedeutung für die Geschichte der Evolutionstheorie[3] ist umstritten. Während Mayr (1984) in Spencers Ideen nur eine „Quelle beträchtlicher Verwirrung" sieht und Zimmermann (1953) in seiner umfassenden Geschichte des Evolutionsdenkens Spencer bloß in ein paar Randbemerkungen erwähnt, hebt ihn Bowler (1988) als diejenige Person hervor, die am meisten zur Popularisierung des Evolutionsbegriffes in moderner Wortbedeutung beigetragen habe. Tatsache ist, daß Spencer eine umfassende *Entwicklungstheorie* darlegte, die mit dem Anspruch einer universellen Evolutionskonzeption auftrat, mit der er alle Phänomene dieser Welt sozusagen *sub specie evolutionis* zu erklären suchte.

Seine *Synthetische Philosophie* ist der Versuch einer Ordnung unseres Wissens auf der Basis des allumfassenden Entwicklungsgesetzes. „Die gesamte Realität ist", nach Spencer, „ein Prozeß, der aus einer unbestimmten unzusammenhängenden Gleichartigkeit in bestimmte zusammenhängende Ungleichartigkeit übergeht" (zit. nach Oeser 1987, S. 19). Ohne auf Spencers Werk als Ganzes hier näher einzugehen,[4] muß hervorgehoben werden, daß er der Evolution des Lebens ein „Gesetz des Fortschritts" unterstellte. Seine Evolutionstheorie begreift Evolution als einen Prozeß der Integration der Materie; in diesem Prozeß geht die Materie nach und nach in einen Zustand „kohärenter Heterogenität" über und erreicht so eine größere Komplexität und insgesamt ein höheres Niveau.

Aber Spencer blieb nicht bei einer allgemeinen Beschreibung bzw.

Erklärung der Evolution stehen, sondern zog Schlußfolgerungen sozialpolitischer Natur, womit er zum eigentlichen Begründer des *Sozialdarwinismus* wurde. Darauf kommen wir im 9. Kapitel noch zurück. Aber schon an dieser Stelle ist es bedeutsam, sich folgendes vor Augen zu führen: Spencer war „Lamarckist" und weitete Lamarcks Theorie zu einer Sozialtheorie aus. Nur kurz sollten hier die wichtigsten Elemente der Evolutionstheorie Lamarcks zusammengefaßt werden, um zu zeigen, welche Implikationen diese Theorie letztlich zuließ und wie tief sie im Glauben an den Fortschritt verwurzelt war.

Lamarck faßte seine Auffassung über Evolution in seinem 1809 erschienen Werk *Philosophie zoologique* zusammen. (Zufall oder nicht: es war das Geburtsjahr Darwins, der genau fünfzig Jahre später sein evolutionstheoretisches Hauptwerk veröffentlichen sollte.) Seine Theorie ist die *erste* Evolutionstheorie im engeren Sinne (vgl. z.B. Oeser 1996, Wuketits 1988), da er sich nicht damit begnügte, den Wandel der Organismenarten in der Zeit festzustellen, sondern sich vor allem auch bemühte, *Mechanismen*, „Ursachen" für diesen Wandel anzugeben. Es ist hinreichend bekannt, daß er an eine Vererbung individuell erworbener Eigenschaften glaubte (darin liegt der Kern dessen, was gemeinhin als „Larmackismus" bezeichnet wird). Als „Gradualist" war Lamarck von der langsamen, kontinuierlichen Evolution überzeugt und betonte vor allem auch die Rolle der *Anpassung*. So meinte er, die Richtigkeit seiner Auffassung außer Zweifel stellend, folgendes:

„Es trägt [...] alles dazu bei, meine Behauptung zu beweisen [...] daß [...] die Gewohnheiten, die Lebensweise und alle anderen einwirkenden Verhältnisse mit der Zeit die Gestalt des Körpers und der Teile der Tiere herbeigeführt haben. Zugleich mit der neuen Gestalt wurden neue Fähigkeiten erworben, und allmählich gelangte die Natur dazu, die Tiere so zu bilden, wie wir sie gegenwärtig vor uns sehen" (Lamarck 1809, vgl. 1990, Band 1, S. 204).

Von zentraler Bedeutung in Lamarcks Werk sind seine auf empirischer Basis formulierten zwei „Gesetze", die in Kurzform folgendermaßen lauten:

Erstes Gesetz: Der häufige und dauernde Gebrauch eines Organs stärkt, entwickelt und vergrößert dasselbe allmählich, der häufige Nichtgebrauch schwächt es und läßt es verkümmern.

Zweites Gesetz: Alles, was Tiere durch den Einfluß äußerer Umstände und durch den Gebrauch oder Nichtgebrauch von Organen erwerben oder verlieren, wird auf die Nachkommen vererbt, vorausgesetzt, die erworbenen Veränderungen sind beiden Elternteilen der betreffenden Individuen eigen.

Gewiß war Lamarcks Theorie im Einklang mit dem Fortschrittsdenken der französischen Aufklärungsphilosophen und paßte gut zu deren Vervollkommnungsideen. Denn während der Mensch für Leibniz in der besten aller möglichen Welten lebt, sah die Aufklärungsphilosophie noch vieles verbesserungswürdig und ihre Repräsentanten glaubten, daß der Mensch, wie bereits angedeutet wurde, an der Verbesserung seiner eigenen Zustände selbst entscheidend mitwirken könne. Mithin ist es sicher auch richtig zu sagen, daß Lamarck an der Lösung jener Probleme arbeitete, die das späte 18. Jahrhundert beschäftigten, und daß er diesen Problemen neuen Ausdruck verlieh (Mason 1974). Heute wird Lamarcks Bedeutung für die Geschichte des Evolutionsdenkens häufig unterschätzt. Dabei trägt dieser akribische Naturforscher meist die Aura eines spekulativen Denkers. Man muß sich aber deutlich vor Augen führen, daß Lamarck – auch wenn er sein Hauptwerk als *Philosophie* bezeichnete (vgl. Anmerkung 1 auf S. 133!) – der empirischen und analytischen Methode verpflichtet war. Sein Werk ist daher nicht nur „etwas empirischer als das der reinen Naturphilosophen" (Mason 1974, S. 415), sondern seine Evolutionstheorie „genau das, was er von ihr in methodischer Selbstreflexion ausgesagt hat: die Konsequenz aus der analytischen Methode der Beobachtung und Beschreibung, die er bis an die Grenze des Tierreiches anwandte" (Oeser 1996, S. 53).

Diese Grenze aber wurde – und damit kommen wir zurück zu Spencer – im Verlauf des 19. Jahrhunderts entscheidend überschritten. Spencer griff Lamarcks Prinzipien auf, so wie er überhaupt von Lamarcks Lehre sehr beeindruckt war (vgl. Richards 1987), und folgerte hinsichtlich des Gesetzes vom Gebrauch und Nichtgebrauch der Organe, daß diese – wie auch die Instinkte – beim Menschen schwächer und schlechter werden, wenn sie nicht fortgesetzt gegen die äußeren Umstände eingesetzt und so trainiert werden. Er behauptete, daß eine Regierung mit öffentlichem Erziehungswesen, medizinischer Versorgung und Gesetzen das Training der Fähigkeiten – und mithin die Fähigkeiten selbst – bei allen hemmt, die nicht mehr gefordert sind, für ihren Lebensunterhalt zu sorgen. Darin sah Spencer die Gefahr einer Fortschrittsverhinderung für die ganze Menschheit. Als Nonkonformist war er von der Idee beseelt, daß mentale Eigenheiten, Oppositionsgeist, die Tendenz zu eigenartigen und eigenwilligen Auffassungen und Abweichlertum die soziale Vervollkommnung unserer Gattung garantieren.

So merkwürdig diese Ansicht auch anmuten mag, bleibt für die menschliche Geistesgeschichte die Tatsache, daß große Leistungen fürwahr von Abweichlern und Nonkonformisten vollbracht werden, die durch ihr für ihre Umgebung oft merkwürdiges Verhalten die Entwicklung der Ideen und damit die Wissenschaften vorantreiben. Der Evolutionsgedanke selbst ist eines der besten Beispiele dafür, wie *gegen* herrschende Auffassungen eine Theorie etabliert wurde, die unser ganzes Weltbild grundlegend verändern sollte.

Nun ging Spencer freilich weiter und empfahl ein „naturkonformes Verhalten". Er kritisierte die Erziehung seiner Zeit und kam zu dem Schluß, daß die Erhaltung der Gesundheit eine moralische Pflicht sei:

„Wenige scheinen sich bewußt zu sein, daß es so etwas wie eine physische Sittlichkeit gibt. Die gewöhnlichen Worte und Handlungen der Menschen verraten die Anschauung, daß sie die Freiheit haben, ihren Körper zu behandeln, wie sie wollen. Störungen, die sie sich durch Ungehorsam gegen die Gebote der Natur zugezogen haben, betrachten sie einfach als Mißstände, nicht als die Wirkungen eines mehr oder weniger schlechten Verhaltens. Obgleich die über ihre Nachkommen und über künftige Geschlechter verhängten bösen Folgen oft ebenso groß sind wie die von Verbrechen verursachten, halten sie sich doch keineswegs für verbrecherisch" (Spencer 1910, S. 170).

Man kann das so deuten: Wir selbst sind für unseren Fortschritt verantwortlich, es ist unverantwortlich und geradezu verbrecherisch, sich nicht so zu verhalten, daß der Fortschritt auch gewährleistet bleibt.

Wir können also vorläufig festhalten, daß die Entwicklungslehre im Sinne der biologischen Evolutionstheorie im Hinblick auf ihre Denkgrundlagen und Konsequenzen nicht als eine „Einzelleistung" der Biologie verstanden werden kann, sondern eingebettet zu sehen ist in den geistesgeschichtlichen Gesamtkontext und das Selbstverständnis der Kultur im 19. Jahrhundert. Und was in der Biologie schließlich dazu führte, daß praktisch nur die evolutionäre Denkweise als „wissenschaftlich" anerkannt wurde, „nahm seinen Anfang keinesfalls nur im Territorium der Disziplin Biologie, sondern kann und muß als Ergebnis der geistigen Gesamtkonstellation begriffen werden" (Goll 1972, S. 62).

Keine biologische Theorie aber hat umgekehrt diese „geistige Gesamtkonstellationen" so nachhaltig beeinflußt und verändert, wie die Evolutiostheorie Charles Darwins. Kaum eine andere naturwissenschaftliche Theorie wurde auch so häufig mißverstanden und fehlgedeutet wie die Selektionstheorie, die das Wesen der Auffassungen Darwins über das Leben ausmacht.

Darwin, Sohn eines wohlhabenden Arztes, studierte zunächst Medizin und danach, weil er zu sensibel für dieses Fach war, Theologie und war zum Priester der anglikanischen Kirche befugt. Die Person Darwins könnte man sich durchaus als Landpfarrer vorstellen: zurückgezogen, sein Amt sorgfältig erledigend, nebenbei mit Naturbeobachtungen beschäftigt. Daß Darwin aber seinen Lebensweg nicht als Pfarrer beschritt, ist hinlänglich bekannt, so wie auch der Umstand, daß er mit seiner Theorie jeder Religion tiefe Wunden zugefügt hat. Als Theologiestudent war Darwin jedenfalls noch orthodoxer Christ und auch noch während seiner Weltreise auf der „Beagle" war er zunächst ziemlich strenggläubig. Doch so wie es außer Zweifel steht, daß diese Reise – insbesondere während ihrer Südamerika-Etappe – aufgrund seiner vielfältigen Beobachtungen auf Darwin einen ungeheuren Eindruck machte und in ihm den Evolutionsgedanken keimen ließ (Müller 1984), so steht auch fest, daß ihm zu dieser Zeit erste ernsthafte Bedenken gegen seine Glaubensvorstellungen kamen (Mayr 1994). Sehr leicht schien Darwin seine Abkehr von der christlichen Religion und seine allmählich heranreifende Überzeugung von der Veränderung der Arten – er sprach dabei von „Transmutation" – allerdings nicht genommen zu haben. Noch 1844 meinte er, es sei ihm, als würde er einen Mord gestehen (vgl. Desmond und Moore 1994).

Nun hatte Darwin, um bei diesem Vergleich zu bleiben, niemals vor, den Mord zu begehen, sondern der Gedanke an die Veränderung der Organismenarten durch *natürliche* Mechanismen reifte langsam in ihm heran, wobei er schon in verhältnismäßig jungen Jahren vom Gedankengut älterer Gelehrter profitierte, die richtungsweisend für die Evolutionstheorie werden sollten (vgl. Manier 1978). Im Zeitraum zwischen 1837 und 1844 kämpfte er mit dem ersten Entwurf zu seiner Selektionstheorie – fünfzehn weitere Jahre aber verstrichen bis zur Veröffentlichung des bahnbrechenden Buches *On the Origin of Spe-*

cies. Da die Wissenschaftsentwicklung nicht geradlinig verläuft, ist Darwins Theorie nicht einfach als Fortsetzung älterer Evolutionskonzeptionen zu begreifen, wie sie insbesondere in Lamarcks Werk ihren ersten und ausdrucksstärksten Kristallisationspunkt fanden. Darwin mußte die Tatsache der Evolution sozusagen für sich entdecken. Dabei war besagte Reise auf der „Beagle", die ihn von 1831 bis 1836 um die Welt führte, sicher maßgeblich. Auf diese Reise hatte er den ersten Band der *Principles of Geology* von Charles Lyell (1797–1875) mitgenommen, ein Buch, das ihn faszinierte und ihm half, wichtige Einsichten in die Geschichte der Natur zu erhalten. Lyell gilt als der Begründer der *historischen Geologie* und prägt die Lehre vom *Uniformitarismus*, dem zufolge geologische Phänomene das Resultat einheitlicher, über längere Zeiträume gleichbleibender Kräfte sind. Diese Lehre, die bereits von James Hutton (1726–1797), einem anderen englischen Geologen, sozusagen vorausgedacht worden war, steht im Widerspruch zum Konzept starrer Stufenleitern (vgl. 3. Kapitel). Lyell (vgl. 1857, Band 1) betonte, „daß die festen Theile der Erde keineswegs sämmtlich vom Anfange aller Dinge an sich in dem Zustande befanden, in dem wir sie heute finden, oder daß sie überhaupt in einem kurzen Zeitraum gebildet worden sein könnten".

Hierin zeigt sich auch die wichtige Rolle, die die Geologie für die Biologie des 19. Jahrhunderts spielte. Die Vorstellung, daß die Erde in langen Zeiträumen – viel längeren als sie die biblische Schöpfungsgeschichte suggeriert – ihre heutige Oberflächengestalt annahm, war in der Tat revolutionierend und ist ein spannendes Kapitel der Wissenschaftsgeschichte (vgl. Gould 1987). Theorien der Erdgeschichte erfreuten sich im 19. Jahrhundert daher auch bei einem breiteren Publikum großen Interesses, nicht zuletzt deshalb, weil sie eine „Urwelt" ans Tageslicht brachten, die einfach faszinierend war und ist. „Urkräfte" und „Urgebirge" wurden ausgedacht, und man erlaubte sich mancherlei Spekulationen, so daß Lyell selbst kritisch bemerkte, manche Vorzeitvorstellung sei eine Spiegelung der Romantik in der Wissenschaft (Zirnstein 1980). Gleichzeitig erlebte auch die *Paläontologie* als Wissenschaft vom Leben der Vorzeit ihre erste Blüte und befruchtete ihrerseits den Gedanken an eine Entwicklung und Veränderung der Lebewesen (vgl. Hölder 1976).

So beeindruckt aber Darwin von Lyells Werk war (die Geologie hat ihn überhaupt immer sehr interessiert), so war Lyell selbst ursprünglich kein strenger Verfechter des Evolutionsgedankens im engeren Sinn. Man bedenke: Ein hohes Alter der Erde und die Existenz fossiler Lebewesen müssen ja noch nicht notwendigerweise die Schöpfungslehre widerlegen. Erst unter dem Einfluß Darwins wurde Lyell dann zu einem Anhänger der Evolutionstheorie.

Nun besteht das Wesen der Theorie Darwins keineswegs im Nachweis der Evolution, auch wenn er diesem in seinem Buch *On the Origin of Species* viel Raum widmet. Das Wichtigste an seinem Werk ist, wie bereits mehrfach angedeutet wurde, die Theorie der natürlichen Auslese oder Selektion. Im übrigen ist Darwins Theoriengebäude ein komplexes System aus mehreren Teiltheorien, die vor allem Mayr (1984, 1994) sehr klar herausgearbeitet hat. Eine dieser (Teil-)Theorien ist der schon erwähnte Gradualismus, eine andere – im vorliegenden Zusammenhang besonders wichtig – eben die Selektionstheorie. Danach vollzieht sich der evolutive Wandel durch (1) überreiche Produktion von Nachkommen, also genetischen Varianten in jeder Generation und (2) eine Auslese der Tauglichsten, besonders gut angepaßten Individuen. Vor allem das *survival of the fittest*, das „Überleben der Tauglichsten" – eine Metapher, die Darwin von Spencer übernahm –, hat zu unzähligen Mißverständnissen geführt. Aber auch die Formel vom *struggle for life*, „Kampf ums Dasein", wurde und wird häufig mißverstanden. Ein Vulgärdarwinismus der übelsten Sorte ist die (sozialdarwinistische) Interpretation des *survival of the fittest* als „Überleben der Stärksten". Das ist blanker Unsinn, der von Darwin nie vertreten wurde, denn „tauglich" hat mit „stark" im alltagssprachlichen Wortsinn kaum etwas zu tun (siehe auch Wuketits 1987). Aber auch „Kampf ums Dasein" ist ein gerne recht unsinnig verwendeter Ausdruck. Es ist natürlich richtig, daß Darwin vom „Kampf" schrieb; er bemerkte sogar: „Aus dem Kampf der Natur, aus Hunger und Tod, geht also unmittelbar das Höchste hervor, das wir uns vorstellen können: die Erzeugung immer höherer und vollkommenerer Wesen" (Darwin 1859, vgl. 1967, S. 678).

Nun hat Darwin damit eindringlich genug darauf hingewiesen, daß jede romantische Verklärung der Natur fehl am Platz ist, aber mit „Kampf" meinte er keineswegs allein blutige Auseinandersetzungen mit Zähnen und Klauen. Vielmehr hatte er einen *natürlichen Wettbewerb* im Sinn, einen Wettbewerb um Ressourcen, der aus der Überproduktion von Nachkommen und dem begrenzten Nahrungsangebot notwendigerweise folgt. Aus diesem Wettbewerb gehen dann naturgemäß diejenigen als Sieger hervor, die – nochmals – nicht durch besondere „Stärke" auffallen, sondern effektiv Futterquellen aufzuspüren in der Lage sind, rechtzeitig einen Feind wittern, sich gut verstecken können, besser als andere zu laufen, schwimmen oder fliegen imstande sind. Beeinflußt wurde Darwins Betrachtungsweise von seinem Landsmann Thomas Robert Malthus (1766–1834), der seine düsteren sozialpolitischen Aussichten auf Beobachtungen in der Pflanzen- und Tierwelt stützte. Malthus schreib folgendes:

„Überall im Tier- und Pflanzenreich hat die Natur die Samen des Lebens mit freigebigster und verschwenderischster Hand umhergestreut. Sie war jedoch verhältnismäßig sparsam in bezug auf den Raum und die Ernährung, die erforderlich sind, um sie großzuziehen. Das Geschlecht der Pflanzen und das Geschlecht der Tiere schrumpfen unter diesem großen einschränkenden Gesetz. Und das Geschlecht des Menschen kann ihm durch keinerlei Vernunftanstrengung entrinnen. Unter Pflanzen und Tieren sind seine Folgen Vergeudung von Samen, Krankheit und vorzeitiger Tod. Unter den Menschen Elend und Laster" (zit. nach Oeser 1996, S. 81).[5]

„Elend und Laster" waren im Zeitalter der industriellen Revolution auch allerorten sichtbar, so daß es nicht verwunderlich kommt, wenn nach einer wissenschaftlichen Begründung oder zumindest Erklärung der Zustände gesucht wurde. Was Darwin betrifft, so müssen wir uns aber verdeutlichen, daß sein Buch *On the Origin of Species*, worauf z. B. auch Ruse (1983) hinweist, in allererster Linie ein Werk der empirischen Biologie ist. Dies freilich hat weder seine Zeitgenossen noch spätere Generationen von Vertretern verschiedenster Disziplinen davon abgehalten, seiner Theorie philosophische und sozialpolitische Implikationen zuzuordnen und die Theorie auf alle Bereiche des menschlichen Lebens anzuwenden (vgl. Abb. 7). So entstand der „Darwinismus" als Tummelplatz von Weltanschauungen, die man nicht Darwin, sondern entweder seinen übereifrigen Anhängern oder seinen Gegnern unterstellen muß.

Die Resonanz, die das Buch *On the Origin of Species* im viktorianischen England und bald auch in anderen Teilen der Welt fand, ist aber zunächst, wie Querner (1973) richtig bemerkt, doch recht überraschend. Das Buch ist ein umfangreiches Kompendium verschiedenster Beobachtungen auf unterschiedlichen Gebieten der Naturwissenschaf-

Evolution und Revolution 65

Abb. 7: Ein Beispiel für die Popularität Darwins im Rußland der zwanziger Jahre. Eine Abteilung der Geheimpolizei läßt sich die Abstammungslehre erklären. (© Gosodarstvennyi Darvinovskij Muzej.)

ten, etwas langatmig und schwerfällig geschrieben, keineswegs spannend zu lesen; mühevolle Gedankenarbeit aus drei Jahrzehnten haftet ihm an. Dennoch schrieb Darwins alter Lehrer, der Geologe Adam Sedgwick (1785–1873), gleich nach Erscheinen des Buches, er habe es „mit mehr Schmerz als Vergnügen gelesen" und halte manche Teile „in einem schmerzlichen Grade unheilstiftend" (zit. nach Querner 1973, S. 25). Als „unheilstiftend" empfunden wurde vor allem eine philosophische Konsequenz, die man aus dem Buch unschwer herauslesen konnte: die schon erwähnte Verabschiedung jeder planenden Absicht in der Natur, der Todesstoß, den Darwin dem teleologischen Denken versetzt hatte.

An die Stelle eines großen und weisen „Weltarchitekten" traten bei Darwin Kampf und Wettbewerb, die dazu führten, daß eine Fülle von Lebewesen eliminiert und nur jeweils wenige (von der Selektion) sozusagen bevorzugt wurden. So schockierend diese Auffassung für alle sein mußte, die sich in einem harmonisch geordneten Kosmos zu

Hause fühlten, so eifrig wurde von anderen gerade das Wettbewerbsmoment eifrig aufgegriffen (siehe auch Mason 1974). Kaum eine Disziplin blieb davon „verschont". Sogar in die Astronomie wurde die Metapher vom „Kampf ums Dasein" eingeführt (du Prel 1876), und daß gerade diese Metapher zusammen mit dem *survival of the fittest* ideologische Überlegungen förderte, ist unmittelbar einsichtig und wird uns noch im 9. Kapitel beschäftigen.

Eine andere Konsequenz der Theorie Darwins, die später für viel Aufregung sorgen sollte, war die These von der Abstammung des Menschen aus der Tierwelt. Diese im nächsten Kapitel noch ausführlicher zu diskutierende These hat Darwin in seinem Buch *On the Origin of Species* allerdings nicht nur nicht ausgesprochen, sondern nicht einmal klar angedeutet. Er bemerkte nur, daß „viel Licht fallen" wird auf den Menschen und seine Geschichte. Aber die Zeitgenossen waren wohl sensibilisiert genug, um auch diese – für manche furchteinflößende – Konsequenz aus Darwins Theorie zu erkennen.

Nun war sich Darwin selbst der Konsequenzen seiner Theorie am besten bewußt. Im Grunde genommen ist die gewissermaßen blind wirkende Kraft der Selektion nicht sehr trostreich. Wie aber kann unter der Wirkung dieser Kraft Fortschritt zustande kommen? Als Kronzeuge seines Zeitalters konnte Darwin die Hoffnungslosigkeit aller organischen Entwicklung nicht akzeptieren. So akzeptierte er letztlich die Existenz von Fortschritt, der aber ohne eine Absicht oder einen Willen zustande käme, sondern bloß durch den automatischen Prozeß des *survival of the fittest*. Das war im Sinne der viktorianischen *laissez-faire*-Auffassung gedacht (Mason 1974). Darwins Evolutionstheorie rechnet also mit einem evolutiven Fortschritt ohne Endzwecke (Mayr 1994). Aber immerhin, die Theorie gibt etwas Hoffnung:

„Wir dürfen [...] auch vertrauensvoll eine Zukunft von riesiger Dauer erhoffen. Und da die natürliche Zuchtwahl nur durch und für den Vorteil der Geschöpfe wirkt, so werden alle körperlichen Fähigkeiten und geistigen Gaben immer mehr nach Vervollkommnung streben" (Darwin 1859, vgl. 1967, S. 677).

Darwin vermochte also auch ein wenig zu beruhigen. Dazu eignet sich seine gradualistische Auffassung von Evolution freilich besser als jede Vorstellung von Katastrophen und Evolutionssprüngen.[6] Wir dürften sicher sein, meinte er, „daß die regelmäßige Aufeinanderfolge der Geschlechter nie unterbrochen war und daß keine Sintflut die Erde verwüstete" (Darwin 1859, vgl. 1967, S. 677).

Die Attraktionskraft der Fortschrittsidee in der Evolutionstheorie war und ist heute noch enorm stark. Die Gründe dafür liegen nicht zuletzt – wir deuteten es bereits an – im moralischen Bereich. „Wenn nämlich die Evolution insgesamt fortschrittlich verliefe, als eine kontinuierliche Entwicklung zum Besseren, Höheren, dann bestünde die (berechtigte) Hoffnung, daß der Mensch gleichsam zwangsläufig in Zukunft ein moralisch besseres Wesen werden wird" (Wuketits 1995 b, S. 43). Sehr deutlich ist in diesem Zusammenhang auch das „Glaubensbekenntnis" von Konrad Lorenz (1903–1989), der hundert Jahre nach Darwin folgendes schrieb:

„Ich glaube an die Macht der menschlichen Vernunft, ich glaube an die Macht der Selektion und ich glaube, daß die Vernunft vernünftige Selektion treibt. Ich glaube, daß dies unseren Nachkommen in einer nicht allzu fernen Zukunft die Fähigkeit verleihen wird, jene größte und schönste Forderung wahren Menschentums zu erfüllen" (Lorenz 1963, vgl. 1984, S. 314).

Es ist überhaupt bemerkenswert, daß viele Evolutionstheoretiker aus der Evolutionstheorie eine humanistische Weltsicht abgeleitet haben. Ein Beispiel dafür ist Julian Huxley (1887–1975) – ein Enkel Thomas Henry Huxleys (vgl. S. 73) –, der einen *evolutionären Humanismus* entwickelte. Der Mensch, so argumentierte Huxley, ist mit seiner Geschichte und seinem Schicksal Teil eines größeren Prozesses, eben des grandiosen Prozesses des organischen Werdens; sein Geschick ist damit eng verbunden, und nur wenn der Mensch immer tiefere Einblicke in diesen Prozeß gewinnt, wird er auch in der Lage sein, seine eigene Zukunft besser zu steuern, eine *menschliche* Zukunft zu entwerfen und zu erleben; zugleich hat der Mensch, als Teil der Evolution, eine moralische Verpflichtung der Natur gegenüber wahrzunehmen (vgl. Huxley 1953).

Aber kehren wir nochmals zurück ins 19. Jahrhundert. Die Bedeutung, die Geologie und Paläontologie für die Evolutionstheorie spielten, wurde schon erwähnt. Nun konnten auch beide Disziplinen recht gut als Belege für „aufsteigendes Leben", also für evolutiven Fortschritt herangezogen werden. Das überrascht nicht, weil die meisten Geologen und Paläontologen seiner Zeit noch im vorevolutionären Schöpfungsdenken verhaftet waren und die von ihnen entdeckten

Phänomene, vor allem auch Fossilien, ohne weiteres mit einem göttlichen Schöpfungsplan im Einklang standen. Im viktorianischen England war daher vor allem die Suche nach *Archetypen* von Lebewesen eine wichtige Aufgabe (Desmond 1982). In dieser Zeit fällt auch die Entdeckung jener vorzeitlichen Reptilien, die der Anatom Richard Owen (1804–1892) als *Dinosaurier* bezeichnet und die in der Wissenschaftsgeschichte eine große Rolle spielen (vgl. Desmond 1982, Wilford 1985) – so wie sie uns alle aus verschiedenen Gründen faszinieren. Mit der Entdeckung der Dinosaurier und anderer prähistorischer Lebewesen wurde immer deutlicher, wie groß die Mannigfaltigkeit des Lebens auf der Erde nicht nur heute ist, sondern auch in früheren Zeiten war.

Für die Theorie Darwins konnten Fossilien nur weitere Zeugnisse liefern, und die ausgestorbenen Arten fügten sich natürlich gut ins Selektionskonzept ein. Für andere, die wie Owen an einer traditionellen Sichtweise festhielten, waren sie Zeugnisse für die mannigfaltigen Resultate der Schöpfung. Owen dachte, daß die Lebewesen in ihren verschiedenen Arten von einer Lebenskraft hervorgebracht worden sind und geriet in einen heftigen Widerspruch zu Darwin. Er glaubte an sekundäre Ursachen, „Naturursachen", die gleichsam als Gehilfen der göttlichen Allmacht zur Verfügung stehen würden. Die Geschichte unserer Erde, meinte er, lehrt uns, „daß sie, geleitet vom Licht des Archetyps, langsam und majästetischen Ganges dahingeschritten ist: inmitten der Ruinen vergangener Welten von den Zeiten an, in denen die Wirbelidee sich in der alten Hülle eines Fisches manifestiert hat, bis zu jenem Augenblick, wo sie strahlend in Erscheinung trat im Gewande der menschlichen Form" (zit. nach Zimmermann 1953, S. 455).

Unter solchen Vorzeichen war also Fortschritt „im großen Stil" noch möglich. Aber er war, wie wir gesehen haben, auch ein wichtiges Element liberal denkender Evolutionstheoretiker.

Der Aufstieg der Menschheit, ihre Entwicklung zu neuer Größe schien im 19. Jahrhundert unaufhaltsam. Konnte man dann, unter dem Gesichtspunkt der neuen Evolutionstheorien, nicht auch vermuten, daß dieser Aufstieg nur das notwendige Ergebnis eines allgemeinen evolutiven Fortschritts, des aufsteigenden Lebens, ist? In der Tat, Abstammung oder *Deszendenz* konnten sehr gut in Einklang gebracht werden mit Höherentwicklung oder *Aszendenz*. Und die Evolutionstheorie Darwins war gut für Reformen und Revolutionen bzw. deren

Rechtfertigung im sozialen, ökonomischen und politischen Bereich. Sie war aber ebenso auch gut für eine Rechtfertigung der herrschenden Zustände, die im 19. Jahrhundert für viele zwar alles andere als erfreulich waren, aber dem „gehobenen Mittelstand", der Wirtschaft und Industrie doch signalisierten, daß es das beste sei, den Dingen ihren „natürlichen Lauf" zu lassen: Der Mechanismus der natürlichen Auslese würde schon dafür sorgen, daß sich das „Gute", das „Vollkommene" durchsetzt. So wurde Darwins Theorie doch wesentlich mehr als ein genuiner Beitrag zur Lösung einiger Probleme der Biologie.

In diesem Zusammenhang ist schließlich Darwins „Analogie-Denken" von Interesse. Es ist bekannt, daß Darwin für sein Konzept der natürlichen Auslese Anleihen aus der Haustier- und Kulturpflanzenzüchtung nahm. Er stützte sich auf Erkenntnisse der Züchter und übertrug sie als allgemeine „Formel" auf die gesamte belebte Natur. Selektion oder Zuchtwahl ist nach Darwin (1859, vgl. 1967, S. 32) das, „was den Landwirt befähigt, den Charakter seiner Herde nicht nur abzuändern, sondern ganz und gar umzugestalten". *Natürliche* Selektion verläuft gewissermaßen analog zur künstlichen, allerdings als „unbewußte" Auslese, weil – wie betont wurde – Darwins Theorie keine absichtsvoll geplante Evolution zuläßt. Bemerkenswert ist dabei der Umstand, daß Darwin Vorgänge aus der menschlichen Lebenspraxis, die ihrerseits stark von der Biologie beeinflußt wird (vgl. 2. Kapitel), als Modelle zur Beschreibung bzw. Erklärung von Naturvorgängen nahm. Damit wollte er, wie man wohl sagen kann, nicht zuletzt verdeutlichen, „daß das mit der künstlichen Zuchtwahl verbundene menschliche Handeln praktisch verlängert werden kann bis in Bereiche, in denen die Unterscheidung von Natur und Kultur eigentlich nicht mehr gelingt" (Weingarten 1993, S. 48). Dahinter steckt keineswegs, wie vielleicht zu vermuten wäre, eine Vermenschlichung der Natur. Vielmehr konnte Darwin mit dieser Analogie klarmachen, daß menschliches Handeln ebenso wie Naturvorgänge eine bestimmte kausale Struktur haben. So wie der Züchter bei der Umgestaltung der Pflanzen und Tiere von elementaren genetischen Prinzipien abhängt, so sind evolutive Veränderungen von der Erblichkeit der fraglichen Merkmale abhängig.

Darwin wußte von Genetik wenig, seine Intuition führte ihn aber zumindest in die richtige Richtung. Es ist ein Paradoxon der Wissenschaftsgeschichte, daß Darwin das Werk von Gregor Mendel

(1822–1884), das einen weiteren Wendepunkt im biologischen Denken signalisierte, nicht zur Kenntnis nahm (vgl. z. B. Sander 1988). Möglicherweise hätte sich dadurch seine Evolutionskonzeption verändert. Kaum geändert hätte sich aber dadurch die Art und Weise, wie Darwins Theorie rezipiert wurde: unter anderem also als Theorie, die den Fortschritt der Menschheit garantiert. Denn, wie Heberer (1967, S. 687) betont: „Die Selektionstheorie bietet der Menschheit die Chance für ihre biologische Zukunft."

6. Darwin und die Affenfrage

> Es ist gefährlich, den Menschen zu sehr auf seine
> Verwandtschaft mit dem Tiere hinzuweisen, ohne ihn
> gleichzeitig mit seiner Größe bekannt zu machen.
>
> Blaise Pascal

Keine Theorie, keine Aussage, keine Behauptung auf dem Felde der Naturwissenschaften hat je die Gemüter mehr erhitzt als die von der „Affenabstammung" des Menschen. Freilich sind dem Menschen Ähnlichkeiten zwischen ihm und den *Menschenaffen*[1] früh aufgefallen. Aber es ist eine Sache, diese Ähnlichkeiten der Allmacht eines Schöpfergottes zuzuschreiben und sie einfach bestehen zu lassen, eine ganz andere Sache jedoch, sie auf gemeinsame Abstammung bzw. phylogenetische Verwandtschaft zurückzuführen. Als Darwin sein Buch *The Descent of Man* (*Die Abstammung des Menschen*) im Jahr 1871 veröffentlichte, fehlte es daher nicht an heftigen Reaktionen. Die menschliche Würde schien in hohem Maße bedroht. So sah sich die *Edinburgh Review* veranlaßt, vor Darwins Lehre zu warnen, da diese die Grundfesten der Gesellschaft erschüttern, das Gewissen und das religiöse Gefühl zerstören würde. Darwin selbst, ein überaus umsichtiger und geradezu ängstlicher Forscher – ängstlich in bezug auf die Konsequenzen seiner Theorie, die er deutlich sah –, ein Revolutionär, der sozusagen im stillen wirkte (Wuketits 1987), hatte lange genug gezögert, seine Theorie auf den Menschen bzw. dessen Entwicklungsgeschichte auszudehnen. In seinem ersten evolutionstheoretischen Hauptwerk aus dem Jahr 1859 hatte er im Schlußkapitel bloß kryptisch bemerkt, daß auch viel Licht auf den Menschen und seine Geschichte fallen werde. Dieses Licht wurde aber von vielen seiner Zeitgenossen eher als Dunkelheit gedeutet.

Der christlichen Tradition zufolge ist der Mensch das Ebenbild Gottes und die Krone der Schöpfung. „So schuf Gott", heißt es im Ersten Buch Moses, „den Menschen nach seinem Abbild, nach Gottes Bild schuf er ihn, als Mann und Frau erschuf er sie." Diese Denkfigur beeinflußte jede Beschäftigung des Menschen mit sich selbst durch viele Jahrhunderte. Gott habe dem Menschen, wie z. B. Leibniz (1646–1716) meinte, die Vernunft verliehen und ihn damit gottähnlich gemacht. In seiner *Theodicee* – einem Werk, das zugleich die Auffassung verteidigt, daß wir in der besten aller möglichen Welten leben – schrieb Leibniz (1710, vgl. 1883, S. 305) folgendes:

„Gott läßt den Menschen in gewisser Hinsicht in seinem kleinen Bezirke walten [...] Er wirkt dabei nur in verborgener Weise [...] und [...] ergötzt sich gewissermaßen an diesen kleinen Göttern, die zu schaffen er für gut fand, wie wir uns an den Kindern ergötzen, die sich allerlei Beschäftigungen machen, welche wir unter der Hand befördern oder verhindern, wie es uns gefällt. Der Mensch ist also gleichsam ein kleiner Gott in seiner eigenen Welt – oder seinem Mikrokosmos, den er nach seiner Weise regiert: er bringt zuweilen Wunderwerke darin zustande, und oft ahmt seine Kunst die Natur nach."

Welche Wirkung von der Idee, daß der Mensch ein Ebenbild Gottes sei, noch im 19. Jahrhundert – im Sog der Aufklärung! – ausging, wird wohl durch nichts besser veranschaulicht als durch den Umstand, daß selbst Darwin, nachdem er längst seinen christlichen Glauben verloren hatte, vom „gottähnlichen Verstand" des Menschen sprach (vgl. Darwin 1871). Auch wenn es sich dabei um eine metaphorische Redeweise handelt, ist diese, wenn von Darwin gebraucht, doch sehr bemerkenswert.

Kurz gesagt, vor dem Hintergrund der christlichen Tradition *durfte* der Mensch gar nicht von Affen oder affenartigen Lebewesen abstammen. Erst 1996 hat der Papst Darwins Theorie – teilweise – anerkannt. In der Antike waren Vergleiche zwischen dem Menschen und den Affen kein Sakrileg. Aristoteles beschrieb, obwohl er freilich vom Evolutionsgedanken noch weit entfernt war, die Ähnlichkeiten zwischen „Affen, Meerkatzen und Pavianen" und dem Menschen schon ziemlich detailliert. Seine Stufenleiter der Natur und insgesamt die antike Vorstellung von der „Kette des Seins" wurde, wie wir im 3. Kapitel gesehen haben, zum beherrschenden „Modell" in der Naturgeschichte, diente aber zugleich mehr und mehr als Nachweis für die Sonderstellung des Menschen. Daran war lange Zeit nicht zu rütteln. Zwar wurde die Frage nach Zwischengliedern zwischen dem Tierreich und dem

Menschen immer wieder erörtert, und die Affen lieferten gute Beispiele für solche Zwischenglieder, aber „der enge Zusammenhang zwischen Mensch und Affe wurde ausschließlich aufgrund morphologischer Ähnlichkeiten gefordert und nicht phylogenetisch im Sinne einer Evolutionstheorie abgeleitet" (Bäumer 1989, S. 849).

Bemerkenswerterweise wagte schon Linné, einer der Pioniere der modernen biologischen Systematik und Begründer der *binären Nomenklatur*,[2] Affen und Menschen in *einer* systematischen Gruppe anzuführen. Das Wagnis bestand darin, daß damit erstens die Sonderstellung des Menschen nicht mehr gewährleistet war und daß die (Menschen-)Affen damals in Europa nur wenig bekannt und wissenschaftlich noch kaum beschrieben waren. Im Jahr 1699 hatte Tyson (1651–1708) einen Menschenaffen, wahrscheinlich einen Schimpansen beschrieben – allerdings in der Annahme, daß es sich um einen Pygmäen oder „Waldmenschen" (*Homo silvestris*) handelt. Eigentlich ist es erstaunlich, daß Linnés Klassifikation keinen Skandal verursachte. Der blieb Darwin (und seinen Mitstreitern) vorbehalten.

Noch bevor Darwin seine Gedanken zur Evolution des Menschen veröffentlichte, hatten andere Autoren des 19. Jahrhunderts längst an unsere „Affenverwandtschaft" gedacht und diesen gefährlichen Gedanken auch ausgesprochen. Vor allem der streitbare Thomas Henry Huxley (1825–1895) war niemals müde, unsere enge Verwandtschaft mit den Affen zu betonen und gegen Andersdenkende – mitunter recht heftig – zu polemisieren. „Man and the Apes" war der unverfängliche, damals aber – so wie die Dinge lagen – zur Provokation geeignete Titel zweier kleiner Beiträge, die Huxley bereits 1861 in der Zeitschrift *Athenaeum* veröffentlichte. Im selben Jahr hielt er Vorlesungen vor Arbeitern und Ladenbesitzern; seine Ausführungen über die Beziehung zwischen dem Menschen und den Affen wurden ein großer Erfolg. Lyell, der sich unter die Zuhörer gemischt hatte, war über die Aufmerksamkeit dieses Publikums erstaunt. Ihm, der so viel vorbereitende Denkarbeit für Darwins Theorie geleistet hatte (siehe Kapitel 5), war die ganze „Affenproblematik" doch nicht geheuer. Nun mußte er sehen, wie Huxley sich mit spitzer Zunge gleichsam über die letzten Tabus hinwegsetzte.

„Die Szene hätte die Erfüllung seiner schlimmsten Befürchtungen sein können, wurde doch dem ungewaschenen Pöbel die Abstammung vom Gorilla vermittelt; doch die Fuhrleute und Kutscher waren höflich und schienen bereit, wie er einräumte, ‚jede Menge von [...] anthropoiden Affenfragen zu verschlingen'" (Desmond und Moore 1994, S. 573).

Huxley bereitete in vieler Hinsicht den Weg für Darwins Theorie der Abstammung des Menschen und vor allem für deren Rezeption. Er konnte eine gar nicht so kleine Gruppe von Leuten für diese Theorie sozusagen mobilisieren.

„Huxley erschloß eine neue Klientel für Darwin. Jeder Vortrag war überlegt aufgebaut. Er begann ikonoklastisch wie einer der atheistischen Agitatoren aus den Reihen seiner Zuhörer, indem er diejenigen lobte, die ‚mit dem Geist bloßer Skepsis geschlagen sind', und mit überlebten Traditionen aufräumte. Wie es auf so vielen radikalen Flugblättern zu lesen stand, wies es darauf hin, daß der Mensch als Ebenbild eines Affen entstanden sei" (Desmond und Moore 1994, S. 574).

Huxley war in mancher Hinsicht radikaler als Darwin. Er leistete sozusagen Öffentlichkeitsarbeit, wie sie Darwins ganzem Temperament überhaupt nicht entsprach. Mit Darwin allein wären die Debatten um die Abstammungslehre in der zweiten Hälfte des vorigen Jahrhunderts sicher viel ruhiger und ziemlich unspektakulär verlaufen. Denn er war es ja nie, der sich auf öffentliche Konfrontationen eingelassen hat. Seinem Naturell zufolge veröffentlichte er daher auch sein Buch *The Descent of Man* erst gut zehn Jahre nach Beginn der ersten Auseinandersetzungen um die „Affenfrage" und drei Jahre nach dem Erscheinen der Erstauflage von Haeckels *Natürlicher Schöpfungsgeschichte*, in der man lesen konnte, „daß die Abstammung des Menschen von einer Reihe ausgestorbener Primaten wissenschaftlich bewiesen sei" (vgl. Haeckel 1902, Band 2, S. 716). Hinsichtlich der Verbreitung der Abstammungslehre und der Bekämpfung ihrer Gegner übernahm Haeckel in Deutschland die Rolle, die Huxley in England spielte. Nur Darwin blieb stets zurückgezogen. „Er blieb", wie Hemleben (1968, S. 120) schreibt, „der ‚Eremit von Down', der zwar das Feuer entzündet hatte, sich aber dann möglichst weit vom Brandherd entfernt hielt."

Worum ging es nun eigentlich bei der „Affenabstammung" des Menschen? Worum geht es dabei heute noch?

Eines der vielen Mißverständnisse, die die ganze Diskussion von Anfang an begleiteten, war der offensichtliche Glaube, Darwin und seine Mitstreiter hätten einen der *heutigen* Menschenaffen als Vorfahren des Menschen im Sinn gehabt. Das ist freilich falsch. Weder Darwin noch ein anderer ernsthafter Evolutionstheoretiker hat behauptet, daß der Schimpanse, der Gorilla oder der Orang-Utan unser Vorfahre sei. Vielmehr stellte Haeckel (1902, Band 2, S. 714f.) klar, „dass kein einziger von allen jetzt lebenden Affen, und also auch keiner von den [...] Menschenaffen der Stammvater des Menschengeschlechts sein kann. Von denkenden Anhängern der Descendenz-Theorie ist diese Meinung auch niemals behauptet, wohl aber von ihren gedankenlosen Gegnern ihnen untergeschoben worden. Die affenartigen Stammeltern des Menschengeschlechts sind längst ausgestorben."

Falsch wäre es auch zu denken, daß die Evolutionstheoretiker des 19. Jahrhunderts nichts anderes wollten, als die Menschheit herunterzumachen. So polemisch und aggressiv auch Huxley die Abstammungslehre gegen ihre Feinde verteidigte und so ironisch er auf unsere enge Verwandtschaft mit den Affen hinwies, so war er dennoch davon überzeugt, daß der Mensch nicht einfach als Affe anzusehen sei. Gerade seine ethischen Überlegungen zeigen, daß er etwas ganz anderes beabsichtigte. Seiner Meinung nach beruht moralischer Fortschritt in der Gesellschaft *nicht* in einer Imitation der Natur, sondern – ganz im Gegenteil – im erfolgreichen Kampf gegen die Naturgesetze bzw. die Prinzipien der Evolution (vgl. Williams 1988). Damit verband er mit der Evolutionslehre eine humanistische Weltsicht: Wir stammen zwar von „wilden", affenartigen Wesen ab, haben aber die Möglichkeit, uns über sie zu erheben und unsere „niedere Herkunft" abzustreifen. Solche Gedanken waren von großer sozialpolitischer Brisanz. Huxleys populäre Vorlesungen fanden nicht zuletzt deshalb unter Arbeitern, Kutschern und Krämern ein positives Echo, weil er sie – die sie sozial weniger begünstigt waren – auf die Möglichkeit einer besseren, „edleren" Zukunft hinwies. Den Traditionalisten, die in den sozialen Gegensätzen eine gottgewollte Ordnung erblickten, mußte die Abstammungslehre, jedenfalls in der von Huxley vertretenen Form, daher auch aus politischen Gründen ein Dorn im Auge gewesen sein.

Während also die These, daß wir alle von affenartigen Vorfahren abstammen, ideologisch für Aufregung sorgte, hatten die Evolutionstheoretiker mit einer ganzen Reihe „sachlicher" Fragen zu kämpfen: Wie sahen unsere unmittelbaren stammesgeschichtlichen Vorfahren aus? Wie alt ist der Mensch in stammesgeschichtlicher Hinsicht? Wo sind die Bindeglieder zwischen Affen und Menschen?

Abb. 8: Schaaffhausens Rekonstruktion des Neandertalerkopfs.
(Nach Schott 1978.)

Zu den wissenschaftshistorisch bedeutendsten Fossilfunden gehören zweifellos die im Jahr 1856 im Neandertal, dem Tal der Düssel zwischen Düsseldorf und Wuppertal-Elberfeld, freigelegten Knochen, bei denen es sich um die Überreste des nach seinem Fundort benannten, berühmten *Neandertalers* handelte. Bergung und Deutung der Knochen sind mit den Verdiensten des Naturkundelehrers Johann Carl Fuhlrott (1804–1877) eng verbunden (vgl. Schott 1978). Fuhlrott war kein Anhänger der Abstammungslehre im Sinne Darwins; der Fund war für ihn also nicht phylogenetisch von Interesse, wohl aber ein Hinweis auf ein relativ hohes Alter der Menschheit. Ein anderer Forscher, der sich um eine rasche Beschreibung des Fundes bemühte und eine Rekonstruktion des „Lebensbildes" des Neandertalers lieferte (Abb. 8), war der Anthropologe Hermann Schaaffhausen (1816–1893). Aber weder die Fachwelt noch die breitere Öffentlichkeit konnte damals ahnen, daß der Neandertaler dem modernen Menschen sehr nahestand und nicht das vermutete *missing link* zwischen Affen und Menschen darstellt. Huxley ließ sich zwar nicht auf die Frage nach dem Alter des Neandertalers ein, meinte aber, daß dessen Schädel unter allen menschlichen Schädeln dem der Affen am nächsten kommt. Das war eine vorsichtige Deutung, wenn man sich vergegenwärtigt, daß der Fund im

Neandertal auch eine Reihe abenteuerlicher Interpretationen erfuhr: als Schädel eines alten Holländers, als Schädel eines Idioten usw. Man wußte also nicht so recht, welche Bewandtnis es mit dem Fund hatte. Trotzdem begann damit die Erforschung des fossilen Menschen, die *Paläanthropologie* als Wissenschaft vom Menschen der Vorzeit – eines der faszinierendsten Abenteuer unseres Geistes.

Der Neandertaler allein war freilich nicht ausreichend, um irgendwelche sicheren Schlüsse über die Abstammung des Menschen von anderen Primaten zu ziehen. Man war daher auf Vermutungen angewiesen, die sich vor allem auf den Rezentvergleich (den Vergleich menschlicher anatomischer Merkmale mit jenen anderer Primaten) stützten. Haeckel postulierte einen direkten stammesgeschichtlichen Anschluß des Menschen an die Anthropoiden oder Menschenaffen, sprach aber auch noch von den „Pithecanthropi" oder Affenmenschen als Zwischenform. Diese „sprachlosen Urmenschen" sollen in anatomischer Hinsicht, insbesondere bezüglich der Differenzierung ihrer Gliedmaßen, bereits „Menschen" gewesen sein, aber in Ermangelung einer artikulierten Wortsprache auf einem primitiveren Niveau gestanden haben (vgl. Haeckel 1891, Band 2). Ein Meilenstein in der Erforschungsgeschichte der menschlichen Evolution war aber die Entdeckung des „Java-Menschen" durch den holländischen Anatomen und Anthropologen Eugéne Dubois (1858–1940) in den Jahren 1891 und 1892. Dieser als *Pithecanthropus erectus* beschriebene Fund war der Beginn einer erfolgreichen Suche nach unseren älteren Vorfahren in Asien und Afrika (siehe hierzu z. B. auch Querner 1968 und Wendt 1965). Nicht nur wurde im Rahmen dieser Suche immer deutlicher, daß das stammesgeschichtliche Alter der „Menschenartigen" viel höher ist als zuvor angenommen worden war;[3] vielmehr gewann auch die Vorstellung an Substanz, daß der heutige Mensch über primitivere Vorformen lückenlos aus prähistorischen Affen abzuleiten sei.

Aber kehren wir nochmals zurück zu Darwin, der sich in seinen Überlegungen über unsere Vorfahren noch auf keine sicheren Fossilien stützen konnte. Darwins Grundidee war, daß *alle* Lebewesen – also auch der Mensch – in ihrer heutigen Form Ergebnisse einer Evolution durch natürliche Auslese sind. Wir haben uns im letzten Kapitel damit schon eingehender beschäftigt; es wurde auch gesagt, aus welchen Quellen empirischer Forschung Darwin seine (Selektions-)Theorie speiste. Diese Quellen dienten ihm auch als Nachweis der Abstammung des Menschen von anderen Lebewesen. Wichtige Schlüsse zog er vor allem aus der vergleichenden Anatomie und Embryologie. Auf dieser Basis, so meinte er, ließe sich verstehen, „warum der Mensch und alle anderen Wirbeltiere nach demselben allgemeinen Modell gebaut sind, warum sie alle dieselben Stadien der Entwicklung durchlaufen, und warum sie allgemein gewisse Rudimente beibehalten haben. Wir sollten darum ihre gemeinsame Abstammung ohne Rückhalt zugeben [...] Unsere Folgerung wird noch bedeutend verstärkt, wenn wir die Glieder der ganzen Tierreihe ins Auge fassen und die Beweise, die uns ihre Verwandtschaft, ihre Klassifikation, ihre geographische Verteilung und geologische Aufeinanderfolge liefern. Es ist nur unser natürliches Vorurteil und die Arroganz, womit unsere Vorväter von Halbgöttern abzustammen erklärten, die uns verleiten, diese Folgerung abzuweisen" (Darwin 1871, vgl. 1966, S. 27f.).

Daher war sich Darwin seiner Sache letztlich sicher und bemerkte an gleicher Stelle:

„Die Zeit wird bald kommen, in der es verwunderlich erscheinen wird, daß Naturforscher, die mit der vergleichenden Anatomie und mit der Entwicklung des Menschen und anderer Säugetiere vertraut sind, haben glauben können, daß jedes derselben das Produkt eines besonderen Schöpferaktes sei."

Wir kommen auf diesen Glauben aber noch zurück. Darwin versuchte natürlich auch, sich Aussehen und Lebensweise prähistorischer Menschen vorzustellen. Hierzu lieferte ihm schon seine Weltreise ausreichend Gelegenheit. Jahrzehnte später erinnert er sich:

„Mein Erstaunen beim ersten Anblick einer Herde Feuerländer an einer wilden und zerklüfteten Küste werde ich nie vergessen; denn ganz plötzlich fuhr es mir durch den Kopf: so waren unsere Vorfahren. Diese Menschen waren absolut nackt und mit Farbe beschmiert, ihre langen Haare waren durcheinander gewirrt, ihr Mund schäumte in der Erregung und ihr Ausdruck war wild, erschreckt und mißtrauisch. Sie kannten kaum irgend eine Kunst, und gleich wilden Tieren lebten sie von dem, was sie gerade erlangen konnten. Sie hatten keine Regierung, und waren erbarmungslos gegenüber allen, die nicht ihrem eigenen kleinen Stamm angehörten. Wer einen Wilden in seiner Heimat gesehen hat, wird sich nicht mehr schämen, anzuerkennen, daß in seinen Adern das Blut noch niedrigerer Kreaturen fließt" (Darwin 1871, vgl. 1966, S. 273).

Man mag geneigt sein, diese Aussagen als rassistisch zu deuten. Doch sollte man sich vor Augen führen, daß sich Darwin bloß der Sprache seiner Zeit bediente und die im 19. Jahrhundert allgemein verbreitete Auffassung von der Primitivität bestimmter Völker teilte. Daß die von ihm beobachteten Feuerländer Angehörige der Spezies *Homo sapiens* und selbst Resultat einer langen stammesgeschichtlichen Entwicklung sind und somit keine „unentwickelte Menschenart" darstellen, wäre ein im 19. Jahrhundert kaum vertretbarer Gedanke gewesen. Wie wir im nächsten Kapitel sehen werden, war die Vorstellung von der Hierarchie der Völker und ihrer Ungleichwertigkeit in den Köpfen europäischer Gelehrter fest zementiert. Aber obwohl Kind seiner Zeit, war Darwin keineswegs Rassist! Er war beispielsweise gegen die Sklaverei, und die Lektüre der *Times*, deren Herausgeber im amerikanischen Bürgerkrieg den Süden unterstützten, konnte ihn wütend machen. Es wäre also ungerechtfertigt, Darwin mit jenen Ideen in Verbindung zu bringen, die dann im *Sozialdarwinismus* schreckliche Blüten treiben sollten (siehe Kapitel 9).

Interessant ist jedoch auch Darwins Aussage, wir bräuchten uns nicht mehr zu schämen, daß in unseren Adern Blut niedriger Kreaturen fließt. Offensichtlich war sich Darwin darüber im klaren, daß die Empfindlichkeit des Menschen dort am größten ist, wo es um seine Herkunft geht. Empfindet schon der einzelne Mensch einen gewissen Stolz, wenn er auf bedeutende Ahnen zurückblicken kann, so war der Stolz der Menschheit ihr vermeintlich göttlicher Ursprung. Viele zeitgenössische Karikaturen (vgl. Abb. 9) geben Aufschluß darüber, daß, wie z. B. auch Mayr (1994) betont, für die Viktorianer keine Vorstellung so unannehmbar war wie die vom Menschen als Abkömmling anderer Primaten. Es ging also nicht nur darum, dem Menschen seine „niedere Abkunft" vor Augen zu führen, sondern ihn auch darob zu beschwichtigen.

Hätte man die Entstehung des Menschen aus affenartigen Vorfahren in anatomischer und physiologischer Hinsicht aber noch halbwegs hingenommen, so entzündete sich das Feuer vor allem ausgehend von der These, daß wir auch in *psychischer* bzw. *geistiger* Hinsicht von Tieren abstammen. Was Darwin tat, tat er gründlich. Schon in dem Buch *The Descent of Man* widmete er ausführliche Kapitel der Entwicklung intellektueller und moralischer Fähigkeiten. Ein Jahr später ließ er ein anderes – nicht so bekanntes, aber höchst bemerkenswertes – Buch

Abb. 9: Eine der bekanntesten karikaturistischen Darstellungen Darwins. Darwin wurde in dem Witzblatt „Hornet" (in dessen Ausgabe vom 22. März 1871) als Orang-Utan porträtiert. (Aus Hemleben 1968.)

folgen: *The Expression of the Emotions in Man and Animals* (*Der Ausdruck der Gemütsbewegungen bei dem Menschen und den Tieren*). Mit diesem Buch legte er den Grundstein zu einer umfassenden *evolutionären Psychologie* und wurde ein Pionier der vergleichenden Verhaltensforschung (vgl. Wuketits 1995a). Seine bedeutende Schlußfolgerung in diesem Zusammenhang war, kurz gesagt, daß auch alle „höheren" Fähigkeiten des Menschen, seine intellektuelle und moralische Kapazität, allmählich aus „niedrigeren" Vorstufen entstanden sind. Diese Schlußfolgerung wurde insbesondere von George J. Romanes (1848–1894) enthusiastisch aufgegriffen und in mehreren umfangreichen Werken vertieft.[4] Aber nicht alle Evolutionstheoretiker – ganz zu schweigen von jenen Leuten, die dem Evolutionsdenken grundsätzlich skeptisch gegenüberstanden – waren bereit, auch diesen Schritt zu wagen und den Menschen nun auch sozusagen in geistiger Hinsicht seiner Sonderstellung zu berauben.

Alfred Russel Wallace (1823–1913), der nicht nur entscheidende Beiträge zur Evolutionslehre geliefert, sondern eine ganz ähnliche Theorie wie Darwin entwickelt hatte, wendete sich beispielsweise ganz entschieden gegen die Einordnung des menschlichen Geistes in die Evolution; gerade in unseren geistigen Fähigkeiten sah er den Beweis für die Existenz höherer Wesen, von denen diese Fähigkeiten herkommen mögen. Seine Position gründete sich auf keine der konventionellen Religionen. Er war Spiritualist und glaubte, *Homo sapiens* besitze etwas, was nicht aus seinen tierischen Vorfahren abgeleitet werden kann: ein spirituelles Wesen, das nur im unsichtbaren Universum des Geistes seine Erklärung finden kann (vgl. Milner 1996). Damit liefert Wallace ein gutes Beispiel dafür, wie persönlicher Glaube und Religiosität die Ausweitung einer wissenschaftlichen Theorie hemmen können. Darwin hatte damit freilich keine Probleme: Erstens hatte er seinen religiösen Glauben verloren, zweitens hätte er sich nie damit zufriedengeben können, seine Theorie auf den anatomisch-physiologischen Bereich zu beschränken und die Fülle der intellektuellen Phänomene beim Menschen sozusagen als eigenes Reich unangetastet zu akzeptieren. Gerade die evolutionäre Betrachtung intellektueller bzw. mentaler Eigenschaften, die mit Darwin den Beginn einer neuen Tradition in Philosophie und Psychologie markiert (vgl. z. B. Richards 1987), entzweite aber viele Denker und bedeutet bis heute für viele Philosophen ein unverzeihliches Sakrileg. Man muß sich dabei daran erinnern, daß einer mächtigen *idealistischen* Tradition zufolge der Mensch gleichsam von oben, also seiner „Geistigkeit" gemäß bestimmt wird und daher von vornherein von seinen „primitiven" Vorfahren in der Tierwelt scheinbar entbunden bleibt. Die Tragweite der Schlußfolgerung Darwins liegt daher in einer grundlegenden Erschütterung der Philosophie, was von vielen einfach nicht wahrgenommen werden will.

Vor dem geistesgeschichtlichen Hintergrund des 19. Jahrhunderts und früherer Jahrhunderte erscheint es verständlich, daß der Gedanke der „Affenabstammung" des Menschen zuerst gar nicht entstehen konnte und, einmal entstanden, auf schroffe Ablehnung stoßen mußte. Aber inzwischen sind seit Darwins Tod weit über hundert Jahre verstrichen, und man kann immer noch nicht sagen, daß dieser Gedanke in allen Köpfen Platz gefunden hat. In den USA, aber auch in Europa gibt es eine nicht zu unterschätzende Bewegung, den *Kreationismus*, dessen Vertreter den biblischen Schöpfungsbericht wörtlich auslegen und vorgeben, sich dabei auf wissenschaftliche Fakten zu stützen. Natürlich handelt es sich hier um keine seriösen wissenschaftlichen Anliegen, aber es ist bemerkenswert, wie viele Menschen noch im ausgehenden 20. Jahrhundert bereit sind, die Abstammungslehre buchstäblich zu verteufeln und sich fundamentalistischen Bewegungen anzuschließen. In seiner umfassenden Kritik des modernen Antievolutionismus bemerkt Jeßberger (1990), daß es weltweit 144 fundamentalistische Zeitschriften mit einer Gesamtauflage von 33 Millionen Exemplaren gibt. Aber das paßt eigentlich recht gut in unsere Zeit, in der die Esoterik allerorts fröhliche Auferstehung feiert und viele Menschen in dubiosen Lehren ihr Seelenheil suchen. Die „Heilserwartung" ist oft stärker als jedes wissenschaftliche Argument. Nun eignet sich weder die Theorie Darwins noch irgendeine andere biologische Evolutionstheorie zur Befriedigung metaphysischer Sehnsüchte, und die Evolutionslehre *kann* keine Heilslehre sein (siehe auch Wuketits 1985). Offensichtlich können viele Menschen nicht mit „wissenschaftlichen Wahrheiten" leben und versuchen daher, diese entweder zu existentiellen Krücken umzufunktionieren oder ihnen pseudowissenschaftliche Lehren entgegenzustellen. Daran hat sich seit Darwins Zeiten offensichtlich nichts geändert, und es bleibt zu befürchten, daß sich auch in nächster Zeit nichts daran ändern wird. Es ist sehr bemerkenswert, daß zwar – zumal in der westlichen Zivilisation – alle Menschen von den *Ergebnissen* und *Anwendungen* der Naturwissenschaften profitieren, deren grundlegende Theorien aber ohne weiteres ablehnen oder zumindest ignorieren.

Die Gedankenwelt, in die uns Darwin und seine Mitstreiter geführt haben, hat also keineswegs alle Köpfe erfaßt, und selbst in gebildeten Kreisen kann man es sich heutzutage noch leisten, *nicht* an die Abstammung des Menschen von affenartigen Vorfahren zu glauben und die Relevanz der Evolutionstheorie insgesamt anzuzweifeln. Gewiß ist dafür der bereits im Vorwort (auf S. VII) erwähnte Umstand mitverantwortlich, daß Kultur und Naturwissenschaft meist sauber voneinander getrennt werden. Demzufolge wird eine Kenntnis beispielsweise der fossilen Hominiden keineswegs von jemandem verlangt oder vorausgesetzt, der sich für Kultur interessiert. Denn darunter werden, einer allgemeinen Gepflogenheit gemäß, Malerei, Bildhauerei, Theater, Oper, sakrale Kunst usw. verstanden. Eine „Kulturreise" zu unternehmen bedeutet daher, alte Bauwerke zu besichtigen, Kunstsammlungen zu besuchen und sich vor Ort Theater- und Opernkarten zu besorgen. Wer als „kulturell aktiv" gelten will, darf also einen gewissen Aufwand nicht scheuen; wer von den Naturwissenschaften profitieren will, braucht über ihre Grundlagen und Methoden nichts zu wissen.

Natürlich darf all das nicht darüber hinwegtäuschen, daß die Naturwissenschaften, auch im theoretischen Bereich, zumindest auf Umwegen stets eine enorme Rolle spielen; und die „Weltbildfunktion" vieler naturwissenschaftlicher Erkenntnisse ist nicht zu bezweifeln, ganz gleich, ob diese auch allen oder nur relativ wenigen Menschen bekannt werden. Die These von der Affenabstammung des Menschen bedeutete ja auch im 19. Jahrhundert nicht, daß *alle* Menschen sich wirklich betroffen fühlten und die Grundlagen ihrer Existenz erschüttert sahen. Aber sie bedeutete sehr wohl, daß zumindest jeder, der an der Position unserer Gattung im Weltganzen interessiert war, entweder die traditionelle Denkweise zu verteidigen oder sich der neuen Lehre anzuschließen hatte; eine neutrale Haltung war nicht gut möglich. So ist es auch nicht verwunderlich, daß etwa auf den deutschen Naturforscher-Versammlungen nach 1860 die Theorie Darwins – und ab 1873 vor allem auch die Anwendung dieser Theorie auf den Menschen – ein wichtiges Vortrags- und Diskussionsthema war (vgl. Querner 1975), wobei zustimmende Wortmeldungen ebenso wie ablehnende Positionen die Tagesordnung bestimmten.

Auf jeden Fall gossen Darwin, Haeckel und Huxley Wasser auf die Mühlen der Materialisten. Der *Materialismus*, der im klassischen Altertum seinen Anfang nahm und von Vertretern idealistischer Strömungen stets heftig bekämpft wurde, beruht auf dem Grundgedanken, daß alle Phänomene dieser Welt sozusagen ein mechanisches Spiel gegebener Stoffe und Kräfte sind, die mit den Methoden naturwissenschaftlicher Forschung – ohne Zuhilfenahme irgendwelcher spiritueller, der (natur)wissenschaftlichen Analyse nicht zugänglicher „Kräfte" – ergründet werden können (zur Übersicht und Kritik siehe Lange

1920). Die beschleunigte Entwicklung der Naturwissenschaften im 19. Jahrhundert führte zu einem bemerkenswerten Wiederaufleben der materialistischen Tradition, die in den Jahrhunderten davor keinen wirklich durchschlagenden Erfolg in der europäischen Geistesgeschichte verzeichnen konnte. Verantwortlich dafür waren nicht zuletzt die Fortschritte auf den Gebieten der Physik, Chemie und Physiologie. Die im Vitalismus postulierten „Lebenskräfte" (vgl. S. 2) wichen zunehmend der Analyse eines mechanischen Kräftespiels, die einer Spiritualität, welcher Art auch immer, nicht mehr bedurfte. Darwins Theorie der natürlichen Auslese fügte sich bestens in die neue Geisteshaltung vieler Naturwissenschaftler (und weniger Philosophen) ein, so daß beispielsweise Büchner (1872, S. 281, siehe Anmerkung 3 von Kap. 4) zu folgender Schlußfolgerung kam:

„Nach Allem [...] dürfte es wohl klar sein, daß diese Philosophie der Darwin'schen Theorie zu großem Danke verpflichtet ist, und daß sie ihr die größte Aufmerksamkeit zuzuwenden hat; [...] auch weil diese Theorie zum ersten Mal wieder den richtigen Weg betritt, auf dem eine gesunde Philosophie der Natur neu aufzubauen und zu ihrem alten Glanze zu bringen ist."

Mit „dieser Philosophie" meinte Büchner den Materialismus und bemerkte an gleicher Stelle mit deutlichen Worten gegen Andersdenkende:

„Alle die zahllosen Phantasien und Speculationen der Theologen und Philosophen von Ehedem über die Entstehung der organischen Welt fallen damit mit Darwins Theorie einfach hinweg und lassen einer naturgemäßen oder materialistischen Philosophie, welche ihre letzten Erklärungsgründe in der Natur und in den Dingen selbst sucht, freien Spielraum."

Da die Materialisten auch nie so recht daran glauben konnten, daß der Mensch der naturwissenschaftlichen Analyse nicht zugänglich sei, kam ihnen die „Affentheorie" natürlich sehr entgegen. Denn was seit Aristoteles die herrschende Meinung bestimmte, war die Annahme einer Seele – oder doch einer besonderen Seele, der *anima rationalis* (vgl. S. 17) – des Menschen, die diesen von allen übrigen Geschöpfen unterscheiden sollte. Mit Darwin und seinen Mitstreitern wurde nun der Abstand zwischen dem Menschen und den Tieren geringer. In methodischer Hinsicht nahm der Mensch überhaupt keine Sonderstellung mehr ein, denn seine Herkunft und Entwicklung konnte mit dem gleichen intellektuellen Rüstzeug beschrieben und rekonstruiert werden wie die Evolution aller anderen Organismen – ganz gleich, ob es sich dabei um Krokodile, Feldhasen oder Gorillas handelte. Und selbst die von allen Evolutionstheoretikern zugegebenen Besonderheiten unserer Spezies (artikulierte Lautsprache, Moralverhalten usw.) mußten nicht mehr auf göttliche Inspiration zurückgeführt, sondern konnten als Resultate der Evolution durch natürliche Auslese begriffen werden.

Wir sehen hier also erneut eine enge Wechselbeziehung zwischen philosophischen Grundüberzeugungen und naturwissenschaftlichen Theorien. Auf der einen Seite bereitete das im 19. Jahrhundert an Bedeutung gewinnende materialistische Denken einen fruchtbaren Boden für Darwins Theorie; auf der anderen Seite war besonders diese Theorie von größter Bedeutung für den Materialismus. Nie zuvor war es so deutlich geworden, daß eine *einheitliche* Betrachtungsweise aller Lebewesen (den Menschen eingeschlossen!) möglich ist.

Darüber aber war auch ein erkenntnis- bzw. wissenschaftstheoretischer Streit entstanden, an dem nicht zuletzt Rudolf Virchow (1821–1902), einer der Begründer der modernen Medizin und Reformer im Gesundheitswesen, beteiligt war. Virchow zählt zu jenen kritischen Denkern des 19. Jahrhunderts, die Darwins Theorie zwar grundsätzlich beipflichteten, aber ihre Anwendung auf den Menschen ablehnten oder doch mit großer Skepsis betrachteten. Virchow geriet über die „Affenfrage" sehr bald in einen heftigen Streit mit Haeckel, einem seiner früheren Schüler. Er war zwar bereit, die Herleitung des Menschen aus anderen Lebewesen anzuerkennen, sah dafür aber keine stichhaltigen Beweise, sondern meinte, daß es sich um eine bloß spekulative Hypothese handelt. Anläßlich einer Rede auf der Versammlung Deutscher Naturforscher und Ärzte in München im September 1877 empfahl er den Naturwissenschaftlern, ihre Begeisterung für Darwins Auffassungen zu zügeln. Er betonte unter anderem folgendes:

„Es wird im Augenblick wenige Naturforscher geben, die nicht der Meinung sind, daß der Mensch mit dem übrigen Tierreich in Zusammenhange steht [...] Ich erkenne offen an, es ist das ein Desiderat der Wissenschaft. Ich bin ganz vorbereitet darauf, und ich würde mich keinen Augenblick weder wundern noch entsetzen, wenn der Nachweis geliefert würde, daß der Mensch Vorfahren unter anderen Wirbeltieren hat. Sie wissen, ich treibe gerade Anthropologie gegenwärtig mit Vorliebe, aber ich muß doch erklären: jeder positive Fortschritt, den wir in dem Gebiete der prähistorischen Anthropologie gemacht haben, hat uns eigentlich von dem Nachweise dieses Zusammenhangs mehr entfernt" (zit. nach Vasold 1990, S. 306).[5]

In den darauf folgenden Jahrzehnten hat aber gerade die „prähistorische Anthropologie", wie bereits bemerkt wurde, den Nachweis dieses Zusammenhangs erbracht und gezeigt, wie tief wir in der Stammesgeschichte der Organismen, insbesondere der Primaten verwurzelt sind. Und inzwischen hat sich dieses Problem längst erledigt. Worum es heute noch geht, ist die genauere Kenntnis der verwandtschaftlichen Beziehungen unserer phylogenetischen Vorfahren. Es ist nicht zu leugnen, daß auf diesem Feld noch viele Fragezeichen stehen, die aber die Richtigkeit der Meinung Darwins nicht mehr erschüttern können: daß der heutige Mensch von „andersartigen" Lebewesen abstammt und stammesgeschichtlich, wenn auch über viele Umwege, mit allen übrigen Arten verwandt ist.

Die Bemühungen, dem Menschen in der Natur seine Sonderstellung zu sichern, sind freilich nie zum Stillstand gekommen, und auch viele Biologen, Evolutionstheoretiker, waren und sind gerne bereit, ihre eigene Spezies als etwas Besonderes anzuerkennen und die *conditio humana* als eine Grenze naturwissenschaftlichen Denkens zu sehen. Vielleicht ist auch dies nur ein weiterer Ausdruck dafür, daß der menschliche Geist keine Anstrengungen und Mühen scheut, sich in den Vordergrund zu rücken, sich selbst über alle anderen Kreaturen dieses Planeten zu erheben und die eigene Bedeutung zu erhöhen.

Der Weg, den uns Darwin wies, ist aber, wenn man alles genau bedenkt, ein anderer. Das ist wohl nach wie vor das „Gefährlichste" an seiner Theorie.

7. Haeckel, Lombroso und Freud

> Es ist keine angenehme Aufgabe, die Persönlichkeit eines Mannes nach ihren unangenehmen Seiten an die Öffentlichkeit zu ziehen, um sie der gerechten Beurteilung der Mitwelt zu übergeben.
>
> Eberhard Dennert

Mit diesen moralisierenden Worten begann einer der erbittertsten Gegner Ernst Haeckels seine Schrift *Die Wahrheit über Ernst Haeckel*, erstmals 1901 erschienen, danach ein paarmal nachgedruckt und seinerzeit offenbar durchaus weit verbreitet. Dennert gehörte zu jenen Leuten, die Haeckel der Fälschung bezichtigten, ihm Betrug vorwarfen und einem breiten Publikum – das Haeckel durch viele seiner populär geschriebenen Arbeiten in seinen Bann (und den Bann Darwins) zu ziehen vermochte – deutlich zu machen versuchten, daß der „Affen-Professor" in Fachkreisen nicht anerkannt sei und als Schwindler gelte. Tatsächlich waren Haeckel bei der Wiedergabe seines embryologischen Beweismaterials für die Abstammung des Menschen einige Ungenauigkeiten unterlaufen, und er hatte unzulässige Schematisierungen vorgenommen. Doch er hatte diese Fehler auch eingesehen und sich dafür entschuldigt. In den Jahren zwischen 1906 und 1910 aber verkündeten mehrere Zeitungen, daß er ein Fälscher sei und diskredierten seine Arbeit als ganzes. Dennert ging es offensichtlich darum, Haeckel vor dem Laien-Publikum anzuschwärzen und dieses von der Unwahrheit der Abstammungslehre im Bereich des Menschen zu überzeugen. Er meinte, Haeckel sei nur dann in seiner Sache sicher, wenn er vor einem Publikum ohne profunde Sachkenntnis auftritt:

„Wenn Haeckel zu Laien spricht, die ihn nicht kontrollieren können, dann ist die Stammesgeschichte eine ‚sichere historische Tatsache' […], dann ‚wissen wir bestimmt' […], daß und wie sich der Mensch kontinuierlich entwickelte, dann ‚enthüllt die Anthropogenie die lange

Kette der Vertebratenahnen' des Menschen [...], dann besitzen wir ‚die zusammenhängende Ahnenkette von den ältesten Halbaffen bis zum Menschen'" (Dennert 1909, S. 138). (Vgl. Keitel-Holz 1984.)

In Fachkreisen aber, betonte Dennert, sei Haeckel äußerst vorsichtig, weil diese ihm auf die Finger schauen könnten. Er betreibe also ein unredliches Spiel, und seine ganze Philosophie sei nur Ausdruck eines unehrlichen Charakters.

Solche Auseinandersetzungen könnten in die unterste Schublade persönlicher Animositäten, an denen die Wissenschaftsgeschichte sehr reich ist, gelegt werden und bräuchten uns nicht weiter zu interessieren, wenn sie nicht Symptome eines „Kulturkampfes" wären, der im späten 19. und frühen 20. Jahrhundert ausgehend von der Frage nach der Abstammung des Menschen entbrannt war. Wie schon bemerkt wurde, war Haeckel ein sehr streitbarer Geist, der Darwins Theorie unermüdlich auf alle Bereiche des menschlichen Lebens anwenden wollte. Er tat dies mit Vehemenz und spitzer Zunge und war sicher das Gegenteil des umsichtigen und zurückhaltenden Darwin. Kontroversen schienen ihm geradezu Freude zu bereiten, und mit der Evolutionslehre widersprechenden Richtungen, insbesondere mit dem Christentum, ging er wahrlich nicht sehr tolerant um. Er leistete bahnbrechende Arbeit in der Zoologie, wurde aber durch seine populärwissenschaftlichen Schriften in erster Linie als glühender Verfechter des Materialismus und Darwinismus bekannt. (Eine knappe, sympathetische Übersicht über sein Leben und Werk gibt z. B. Hemleben 1964; aufschlußreich ist etwa auch die auf Haeckels Briefwechsel beruhende Biographie von Uschmann 1984.)

Mit Ernst Haeckel gewann die Lehre Darwins eine von ihrem Urheber keineswegs angestrebte Ausweitung. Die kultur- bzw. sozialhistorischen Implikationen dieser Lehre fanden aber mit ihm einen Kristallisationspunkt, der gerade im Zusammenhang des vorliegenden Buches besondere Beachtung verdient. Haeckel war einer der Wegbereiter von Denkweisen, die gefährliche Ideologien befruchtet haben oder diesen doch sehr entgegenkamen. Jene unselige Beziehung zwischen Biologie und Ideologie, die uns noch im 9. Kapitel beschäftigen wird, verdankt Haeckel nicht unwesentliche Impulse.

„Von der Parteien Gunst und Haß verwirrt, schwankt sein Charakterbild in der Geschichte", so könnte man mit Schillers *Wallenstein*-Prolog über Haeckel sagen, und tatsächlich wird man nur wenige Figuren in der Biologiegeschichte finden, die dermaßen widersprüchlich beurteilt worden sind. Als unermüdlicher Arbeiter auf verschiedenen Gebieten der Zoologie (Anatomie, Morphologie, Embryologie, Systematik) und Wegbereiter neuer Disziplinen (vor allem Ökologie und systematische Stammesgeschichtsforschung[1]) verdient Haeckel unbedingt Respekt und eine hervorragende Position in der Geschichte der Biologie (siehe hierzu z.B. auch Jahn 1990). Darüber hinaus war Haeckel, worauf Mayr (1984) hinweist, vermutlich der erste Biologe, der mit Nachdruck die Bedeutung der *historischen* Komponente in der Biologie herausstellte und die Evolutionsbiologie als historische Wissenschaft deklarierte, womit er auch der Auffassung widersprach, alle Naturwissenschaft müsse wie die Physik sein oder sich auf die Mathematik gründen. Die wissenschaftstheoretische Bedeutung seines Werkes liegt also darin, daß er die Biologie als *eigenständige* Wissenschaft behandelte, die zwar keineswegs im Widerspruch zur Physik steht, aber – der Komplexität und Vielfalt ihrer Forschungsobjekte entsprechend – ihre eigenen Methoden und Denkweisen hat.

Keineswegs aber ging es Haeckel nur um biologische „Sachfragen". Sein Anliegen war letztlich die Begründung einer *monistischen Philosophie*, die er in seinem in mehreren Auflagen erschienenen Buch *Die Welträthsel* in Angriff nahm – besonders dieses Buch rief viele Kritiker auf den Plan (dem zitierten Dennert standen andere um nichts nach). Haeckels Grundidee war dabei, daß auf dem Fundament der Evolutionslehre die „Geister" der idealistischen Philosophie zu vertreiben sind. Er sprach sich für eine „positive" Naturforschung aus, die etwa eines „Dings an sich" (im Sinne von Kant) nicht mehr bedarf, ja, sich auf Diskussionen darüber nicht einmal mehr einläßt:

„Was geht uns dieses mystische ‚Ding an sich' überhaupt an, wenn wir keine Mittel zu seiner Erforschung besitzen, wenn wir nicht einmal klar wissen, ob es existirt oder nicht? Überlassen wir daher das unfruchtbare Grübeln über dieses ideale Gespenst den ‚reinen Metaphysikern' und erfreuen wir uns statt dessen als ‚echte Physiker' an den gewaltigen realen Fortschritten, welche unsere monistische Natur-Philosophie thatsächlich errungen hat" (Haeckel 1900, S. 437 f.).

Mit einem einheitlichen Weltbild folgte Haeckel freilich einem alten Desiderat, das besonders im 19. Jahrhundert an Bedeutung gewonnen hatte. Wie schon für Spencers Philosophie bemerkt wurde (vgl. S. 57), war ein solches Weltbild von der Idee getragen, auf der Basis des Evolutionsgedankens *alle* Phänomene dieser Welt – von der Entstehung des Kosmos bis zum Ursprung menschlicher Zivilisation – zu begreifen. Aber wie Spencer ging es auch Haeckel nicht nur um ein bloß beschreibendes und erklärendes Weltbild, sondern er suchte letztlich nach Antworten auf die „soziale Frage" und dehnte seinen Monismus auf praktische Gesichtspunkte des gesellschaftlichen Lebens aus. Hierzu ist vor allem sein Buch *Die Lebenswunder* aufschlußreich, das in gewissem Sinne als ein – allerdings weit über 500 Seiten umfassendes – „Nachwort" zu den *Welträthseln* angesehen werden kann. In diesem Buch forderte er eine gründliche Reform des Schulunterrichts, der „National-Erziehung", der sozialen Organisation und der Justiz und plädierte schließlich eindringlich für eine „naturgemäße Sittenlehre, eine monistische Ethik" (Haeckel 1905, S. 501). Seine Auffassungen über den „Lebenswert" verschiedener Völker werden noch auf S. 114 berücksichtigt.

Man wird Haeckel sicher darin beipflichten müssen, daß die Evolutionstheorie in ihrer – aus heutiger Sicht völlig legitimen – Ausweitung auf den Menschen Konsequenzen für alle Disziplinen hat, die sich mit dem Menschen beschäftigen. Um so befremdlicher ist daher der Umstand, daß in der Tat noch heute viele Philosophen so schreiben, „als hätte es nie einen Darwin gegeben und als sei die Evolutionsbiologie nicht ein Teil der Naturwissenschaft" (Mayr 1984, S. 58) – und als könnten Politik, Erziehung und Rechtsprechung die Tatsache ignorieren, daß der Mensch ein Lebewesen mit tiefen stammesgeschichtlichen Wurzeln in der „Wirbeltierreihe" ist. Wir kommen im nächsten Kapitel noch darauf zurück. Was Haeckel jedoch vorgeworfen werden muß, ist, daß er zu schnell Schlüsse zog und die menschliche Gesellschaft so gestaltet wissen wollte, wie er die Evolutionstheorie *interpretierte*. Daher konnte sein ganzes Unterfangen der monistischen Philosophie nicht mehr werden als eine bloße Weltanschauung, eine gefährliche noch dazu.

In welcher Weise aber ein von Haeckel formuliertes Prinzip, das auf den ersten Blick weltanschaulich völlig unverdächtig ausschaut, gewissermaßen für Furore sorgte und selbst auf Disziplinen wie Psychologie oder Kriminologie nicht unerheblichen Einfluß ausübte, soll hier im weiteren dargelegt werden. Gemeint ist die *biogenetische Regel*, von Haeckel selbst als „biogenetisches Grundgesetz" bezeichnet, welches er folgendermaßen charakterisierte:

„Die Keimesgeschichte ist ein Auszug aus der Stammesgeschichte; oder mit anderen Worten: Die Ontogenie ist eine Recapitulation der Phylogeníe; oder, etwas ausführlicher: Die Formenreihe, welche der individuelle Organismus während seiner Entwickelung von der Eizelle bis zu seinem ausgebildeten Zustande durchläuft, ist eine kurze, gedrängte Wiederholung der langen Formenreihe, welche die thierischen Vorfahren desselben Organismus oder die Stammformen seiner Art von den ältesten Zeiten der sogenannten organischen Schöpfung an bis auf die Gegenwart durchlaufen haben" (Haeckel 1891, Band 1, S. 7).

Ebenso führt Haeckel auch die Ursache dieses Verhältnisses aus und sagt dazu an gleicher Stelle:

„Die Phylogenese ist die mechanische Ursache der Ontogenese. Die Stammesentwicklung bewirkt nach den physiologischen Gesetzen der Vererbung und Anpassung alle die Vorgänge, welche in der Keimesentwicklung summirt und condensirt zu Tage treten."

Die Kontroversen, die das „biogenetische Grundgesetz" innerhalb der Biologie verursacht hat, müssen hier ebenso unberücksichtigt bleiben wie die heute nach wie vor sehr aktuellen Diskussionen um die Zusammenhänge von Stammesentwicklung und Individualentwicklung bzw. Evolutionsbiologie und Entwicklungsbiologie. Interessanter sind an dieser Stelle der Einfluß, den Haeckels „Gesetz" auf andere Disziplinen ausgeübt hat und der geistesgeschichtliche Rahmen, in dem dieser Einfluß möglich war. Die historischen Wurzeln der Idee der Rekapitulation der Stammesentwicklung in der Individualentwicklung, die tief in vorevolutionäres Denken zurückreicht, hat Gould (1977) ausführlich dargestellt. Ihm verdanken wir auch den Blick auf wissenschaftsgeschichtliche Aspekte des Rekapitulations-Prinzips, die üblicherweise gar nicht gesehen wurden und werden. Was soll denn dieses Prinzip etwa in der Kriminologie bedeuten? Welche Bedeutung kann eine für die Evolutionsbiologie und Embryologie relevante Regel (so sie überhaupt gültig ist) für das Studium des Verbrechens und des Verbrechers haben?

Die Antwort darauf liefert die Theorie des italienischen Anatomen, Psychiaters und Gerichtsmediziners Cesare Lombroso (1836–1909), die sich in Kurzform folgendermaßen zusammenfassen läßt: Hirnstrukturen, die denen stammesgeschichtlich älterer Formen ähneln, stehen auch in Beziehung zu einem gestörten bzw. unterentwickelten

Sozialverhalten, wie es bei Verbrechen beobachtet werden kann (vgl. Brömer 1994). Lombrosos Begriff vom Verbrechen und Verbrecher war allerdings sehr weit gefaßt, er erstreckte sich nicht nur auf Mörder, Räuber und Diebe, sondern auch auf Prostituierte, Homosexuelle, Revolutionshelden und geniale Menschen in Verbindung mit Irrsinn (vgl. Lombroso 1887). Lombroso stand in der Tradition der *Phrenologie*, dem Studium des (menschlichen) Schädels als Indikator für geistige Fähigkeiten und Charaktereigenschaften.[2] Daher sammelte und klassifizierte er auch Schädel, um mit bestimmten ihrer Formen den „geborenen Verbrecher" zu dokumentieren. Sein Ausgangspunkt war, daß jeder Kriminelle von Geburt an zu seinen Taten determiniert ist, da er einen *Atavismus*, einen Rückfall auf stammesgeschichtlich ältere Merkmale darstellt. Anders gesagt: Im Verbrecher werden die – auch anatomisch manifesten – Merkmale entfernter stammesgeschichtlicher Vorfahren des *Homo sapiens* sichtbar. So beschrieb Lombroso einen kontinuierlichen Übergang vom „normalen" Menschen zum Verbrecher aufgrund zunehmender atavistischer Merkmale.

Zwischen 1902 und 1904 war Lombroso auch sozialistischer Abgeordneter im Stadtrat von Turin, wo er 1876 den Lehrstuhl für Rechtsmedizin erhalten hatte und das Museum für *Kriminalanthropologie* gründete. Er gilt als der eigentliche Begründer dieser Disziplin, und seine Theorie übte großen Einfluß auf das Studium des Verbrechens aus, da er eben die „Anthropologie des Verbrechers" in den Mittelpunkt stellte. So absurd es uns heute auch scheinen mag, aus der Schädelform den Charakter eines Menschen abzuleiten und so gefährlich die Theorie vom geborenen Verbrecher auch ist, so darf nicht übersehen werden, daß unter Lombrosos Einfluß eine humanere Behandlung von Straftätern inspiriert wurde. Immerhin empfahl Lombroso selbst für den „geborenen Verbrecher" *nicht* die Todesstrafe.

Nun nahm Lombroso zwar nicht direkten Bezug auf Haeckel, aber er war mit Darwins Theorie bestens bekannt, und es scheint offenkundig, daß diese seinen eigenen Intentionen entgegenkam. Und das Prinzip der Rekapitulation ist jedenfalls in seiner Theorie enthalten, die man auch folgendermaßen umschreiben kann: Da die Ontogenese die Phylogenese wiederholt, muß ein normales Kind auch eine Phase der „Wildheit" durchschreiten; das Kind ist also an einem bestimmten Punkt seiner Entwicklung, ein „natürlicher Krimineller"; allerdings schreitet es in seiner Entwicklung zum Erwachsenen zu einem zivilisierten Menschen fort, und nur der geborene Verbrecher bleibt in der wilden Vergangenheit der Menschheitsentwicklung stecken (Gould 1977).

Lombroso wie auch andere Vertreter seiner Theorie in Italien waren keineswegs Sadisten oder Faschisten bzw. Vorläufer des Faschismus, der später auf der Apenninischen Halbinsel seine Blüten treiben sollte. Sie wünschten eine Reform des Strafrechts, die der Natur des Verbrechers gerecht war und plädierten für eine rationale und wissenschaftliche Gesellschaft basierend auf der Erkenntnis der „wahren Natur" des Menschen. Die Parallele zu Ernst Haeckel ist deutlich. Auch er setzte sich für eine Gesellschaft ein, die sich von den Mythen jeder idealistischen Betrachtung des Menschen befreit und unsere wahre Natur erkennt – und sich dieser Erkenntnis zufolge organisiert.

Sicher sind die Bemühungen eines Haeckel, eines Lombroso und vieler anderer im Lichte der „Aufbruchstimmung" des 19. Jahrhunderts verständlich. Die rasante Entwicklung der Naturwissenschaften (und der Technik) ermöglichte den Blick auf die Natur des Menschen aus ganz anderer Perspektive, als dies in früheren Jahrhunderten möglich war. Es wundert daher auch nicht, daß *allen* in den Naturwissenschaften formulierten Theorien, Modellen, Aussagen und Spekulationen Beachtung geschenkt wurde, auch wenn der „reformatorische Charakter" der Naturwissenschaften nicht immer halten sollte, was er versprach. Den meisten von uns fällt es heute wahrscheinlich schwer, sich vorzustellen, auf welch direkte Weise die Naturwissenschaften im 19. Jahrhundert Hoffnungen vieler Menschen nährten und welche Hoffnungen andererseits von vielen Menschen in die Naturwissenschaften gesetzt wurden. Das systematische Studium der Natur und des Menschen versprach nicht nur die Lösung grundlegender wissenschaftlicher Probleme, sondern auch eine Verbesserung der Situation vieler Menschen – und diese Situation war in den Ländern mit aufstrebender Industrie alles andere als rosig.

Die aufstrebenden Naturwissenschaften im 19. Jahrhundert und insbesondere das naturwissenschaftliche Studium des Menschen begünstigten aber auch ein verstärktes Interesse daran, was denn (beim Menschen) als „normal" bzw. als „abweichend" zu gelten hat. Lombroso hat praktisch sein Lebenswerk dieser Frage gewidmet. Haeckels monistische Philosophie mit all ihren sozialpolitischen Implikationen kreist ebenso um diese Frage. Dabei ist es offenkundig, daß beide,

Haeckel und Lombroso, große Hoffnungen in die Gehirnforschung setzten. Mit Darwins Theorie und ihrer Anwendung auf das Studium psychischer bzw. mentaler Phänomene wurde eine breite Plattform für eine Erklärung von Geisteskrankheiten auf biologischer Basis geschaffen. So konnte Haeckel (1905, S. 544) betonen, „daß alle Geisteskrankheiten durch Gehirnstörungen verursacht sind". Gemessen an früheren Interpretationen dieser Krankheiten war dies zweifelsohne ein Fortschritt. Man mußte also nicht mehr Dämonen bemühen, um „abweichendes" Verhalten zu „erklären", sondern die Anatomie und Physiologie des Gehirns studieren. Lombroso machte deutlich, daß der Verbrecher nicht von bösen Geistern beseelt ist, sondern ebenso aufgrund bestimmter Gehirnanomalien seine Taten begeht. Es wundert nicht, daß die Hirnforschung damit zu einer wichtigen biologischen Disziplin wurde, die auch für andere Disziplinen große Bedeutung gewann.

Das biologische Weltbild des späten 19. und beginnenden 20. Jahrhunderts übte schließlich auch auf Sigmund Freud und die *Psychoanalyse* großen Einfluß aus. Freud studierte Zoologie und war schon während seines Studiums von Darwins Lehre fasziniert. Später erinnerte er sich: „Die damals aktuelle Lehre Darwins zog mich mächtig an, weil sie eine außerordentliche Förderung des Weltverständnisses versprach" (zit. nach Tögel 1994, S. 34). Auch für ihn war das Gehirn zumindest einer der Ausgangspunkte für das Studium psychischer Phänomene. In seinem 1938 begonnenen, aber unfertig gebliebenen *Abriß der Psychoanalyse* stellte er folgendes fest:

„Von dem, was wir unsere Psyche (Seelenleben) nennen, ist uns zweierlei bekannt, erstens das körperliche Organ und Schauplatz desselben, das Gehirn (Nervensystem), anderseits unsere Bewußtseinsakte, die unmittelbar gegeben sind und uns durch keinerlei Beschreibung näher gebracht werden können" (Freud 1953, S. 9).

Freud war auch „Rekapitulationist" (vgl. Gould 1977) und davon überzeugt, daß jedes Individuum in verkürzter Form die gesamte Entwicklung der menschlichen Gattung wiederholt. Überhaupt ist Freuds Lehre nicht verständlich, wenn man nicht die durch die Evolutionstheorie begründete bzw. verdeutlichte archaische Struktur des menschlichen Verhaltens in Betracht zieht. Denn was seine Zeitgenossen am meisten erschütterte, war die These, daß der Mensch sozusagen nicht Herr im eigenen Haus sei, daß sein Verhalten von Antrieben gesteuert wird, die dem *Bewußtsein*, dem Verstand entzogen sind. Eigentlich hätte die Erschütterung nicht mehr sehr groß sein dürfen, denn unsere „tierische Abkunft" und deren Einfluß auf unser Verhalten waren mit Darwin deutlich geworden, und für den, der Darwin ernst nahm, hätte Freud wohl nur eine weitere Konsequenz des „neuen Denkens" sein müssen. Aber um die Aufregung zu verstehen, ist es nötig, sich vor Augen zu führen, vor welchem speziellen soziokulturellen Hintergrund Freud seine Lehre formulierte.

Janik und Toulmin geben in ihrem faszinierenden Buch *Wittgensteins Wien* (1987) eine treffende Analyse jener Stadt, die – damals im Herzen eines Weltreichs – Geburts- und Wirkungsstätte einer ungewöhnlich großen Zahl von kreativen und teils bahnbrechenden Denkern und Künstlern war; die aber allen „Neuerern" stets erfolgreich die Stirn bot, so daß Freuds Lehre eben gerade in Wien keine Anerkennung fand. Die Moral oder, besser gesagt, Scheinmoral des Wiener Bürgertums konnte eine Lehre, in der die Sexualität eine so hervorragende Rolle spielt, nicht akzeptieren. Im prüden Kaiserreich herrschten strenge Vorstellungen über Sittlichkeit und Unsittlichkeit. Zwar war zu jener Zeit, als Freud mit seiner Psychoanalyse auf sich aufmerksam machte, nur die Fassade dieses Großreichs imposant und prunkvoll, seine „Seele" jedoch längst marod; doch wohl deshalb stieß eine Theorie, die dem *Unbewußten* so viel Platz einräumt, auf so großen Widerstand. Es ist hier nicht der Ort, darüber zu streiten, ob jedes Volk und jede Nation tatsächlich eine eigene Psychologie haben, wie dies von Wundt (1921) in seiner „Völkerpsychologie" eindrucksvoll dargetan wurde. Daß im speziellen Fall die alte Monarchie auf die Denkweisen ihrer Bürger abfärben mußte, steht aber wohl außer Zweifel. Und es kommt wohl auch nicht von ungefähr, daß in Österreich noch heute kritische Geister gern als Nestbeschmutzer gesehen werden und man lange braucht, bis man – falls es überhaupt dazu kommt – die konstruktiven Elemente einer Kritik wahrnimmt. Janik und Toulmin (1987, S. 44) charakterisieren diese Situation für den „Fall Freud" treffend mit folgenden Worten:

„Die Implikationen von Freuds Auffassungen über die Bedeutung der Sexualität im menschlichen Leben verletzten die Gefühle des Wiener Bürgertums, dessen Heuchelei und Scheinhaftigkeit Karl Kraus in seinen Satiren und Polemiken mit brillantem Witz und in meisterhafter Prosa angriff. Die Wiener hingegen wichen einer Auseinandersetzung mit den von Freud und Kraus aufgeworfenen Themen aus und vermieden nach Möglichkeit die öffentliche Erwähnung der beiden Namen – so allerdings stillschweigend die Berechtigung der mißliebigen Behauptungen einräumend."[3]

Es ist schon bemerkenswert: Was später als „Wiener Schule" der Tiefenpsychologie weltweit berühmt wurde, war – wie manche andere der „Wiener Schulen" (vgl. Riedl 1985) – die Idee eines Mannes, den man seinerzeit in vielen Kreisen eigentlich meiden mußte. War das aber bei Darwin wesentlich anders? In gewissem Sinne nicht. Aber die Erwartungshaltungen der Bürger Londons, der Hauptstadt eines Kolonialreichs, waren doch etwas andere als die des Bürgertums der Stadt Kaiser Franz Josephs. So vielfältig diese Stadt auch hinsichtlich der in ihr lebenden Menschen mit ihren verschiedenen Traditionen, Sprachen und Schicksalen war, so fruchtbar der Boden, den sie großem Denken bereitete – die sozialen Zwänge, die sie ihren Bürgern auferlegte, machten eine wirklich liberale Gesinnung kaum möglich. Zögernd erfolgte daher auch die Rezeption der Theorie Darwins, deren großer Popularisierer, Haeckel, eben im Deutschland Kaiser Wilhelms lebte – und nicht in der österreichisch-ungarischen Doppelmonarchie.

Freilich wäre es falsch zu denken, daß Freuds Lehre nur in seiner Heimat auf Ablehnung stieß. Im Grunde genommen hatte Freud die Evolutionstheorie konsequent weitergedacht und war zu Schlußfolgerungen gekommen, die dem Menschen, wenn er sich als Krone der Schöpfung sieht, nicht genehm sein konnten und können. Demnach ist die menschliche Seele phylogenetisch entstanden, und unser Bewußtsein ist keine autonome Entität, sondern abhängig von unserer biologischen Natur. Damit, daß Freud der Sexualität eine enorme, uns nicht bewußte Triebkraft unseres Verhaltens und Handelns zuschrieb, brach er ein altes Tabu. Er selbst sah in seiner Lehre daher die dritte der großen Kränkungen der Menschheit (siehe hierzu auch Vollmer 1992): Nachdem uns Kopernikus aus dem Mittelpunkt des Universums vertrieben und Darwin uns vom Gipfelpunkt der Organismenwelt gestürzt hatte, bestand die uns durch Freud zugefügte Verletzung unseres Narzißmus in der Behauptung, daß unsere seelischen Vorgänge an sich unbewußt ablaufen und dem Ich nur unvollständig zugänglich sind und daß wir uns nicht in der Lage befinden, das Triebleben der Sexualität in uns voll zu bändigen.

Wenn man sich vor Augen führt, wie mächtig jene Tradition bis heute wirkt, der zufolge der Mensch ein *Vernunft*wesen ist, ein Wesen mit freiem Willen und Selbstverantwortung, fähig, Gott zu erkennen, dann wird man verstehen, warum Freud die psychologische Kränkung als die eigentlich empfindlichste betrachtete.

Ich habe dieses Kapitel mit drei Namen charakterisiert, deren Bekanntheitsgrad heute sehr verschieden ist, die auf verschiedenen Gebieten wirkten, die aber zumindest zweierlei gemeinsam haben und für ein Verständnis der Biologie im soziokulturellen Zusammenhang praktisch „gleichwertig" sind. Freud, Haeckel, Lombroso – alle drei standen auf dem Boden der Abstammungslehre, die im späten 19. Jahrhundert zwar mit heftigem Widerstand zu kämpfen hatte, aber zugleich doch auch merklich an Terrain gewann; alle drei waren von „tiefsitzenden" Verhaltensantrieben im Menschen überzeugt und versuchten auf unterschiedliche Weise, diese zu verdeutlichen; alle drei dachten also sozusagen biologisch und machten, direkt oder indirekt, die Biologie zu einer Leitwissenschaft. Es mag nicht überraschen, daß jeder dieser drei Gelehrten auf die eine oder andere Art letztlich ein humanistisches Weltbild propagierte. Wir wollen dabei Haeckels rassistische Äußerungen nicht vergessen; wir dürfen aber auch nicht übersehen, daß er sich für den aufgeklärten, von kirchlichen Dogmen befreiten Menschen einsetzte. All das könnte ja nun wiederum bedeuten, daß jeder dieser Forscher, über die Konsequenzen des eigenen Denkens erschrocken, doch etwas vom Menschen retten wollte. Die Schwierigkeiten, die mit einem „biologischen Weltbild" verbunden sind, werden wir im nächsten Kapitel noch behandeln. Vorweg sei gesagt, daß ein streng biologischer Determinismus, der den Menschen von jeder Verantwortung für sein Handeln entlastet und dieses Handeln in allen seinen Aspekten auf biologische Determinanten zurückführt, nie von jemandem in aller Konsequenz vertreten wurde. Dagegen hat stets die Überzeugung, daß der Mensch auf „irgendeine" Weise zu moralischem Handeln verpflichtet sei, ziemlich stark gewirkt.

So meinte Haeckel (1900, S. 151) zwar, der menschliche Wille sei „ebenso wenig frei als derjenige der höheren Tiere", sah darin aber offenbar kein Hindernis für seine Anerkennung der Goldenen Regel als „Fundamentalprinzip der Moral". Das bedeutet also, daß eine deterministische Auffassung bestimmte Konventionen im sozialen Leben des Menschen durchaus nicht zu tangieren braucht. Bernhard Rensch (1900–1990), der zu den konsequentesten Deterministen des 20. Jahrhunderts zählt, kam zu ganz ähnlichen Schlußfolgerungen. So schrieb er beispielsweise folgendes:

„Meines Erachtens können [...] die Begriffe ‚Schuld‘, ‚Verantwortung‘, ‚Gewissen‘ und selbst ‚Sühne‘ durchaus beibehalten werden, weil sie als wichtige Determinanten im Denken der Menschen wirksam sind und weil sie von philosophischen Laien ohnehin nicht aufgegeben würden" (Rensch 1979, S. 154).

Was hier besondere Erwähnung verdient, ist der Umstand, daß die „Deterministen" zugleich einer humanistischen Weltsicht huldigen oder einer solchen doch sehr zuneigen. Auch Lombroso war kein Unmensch. Seine Auffassungen über den geborenen Verbrecher haben ihn, wie gesagt wurde, nicht von reformatorischen Überlegungen im Strafrecht abgehalten. Sich dies zu vergegenwärtigen, ist schon deshalb sehr wichtig, weil es eine beliebte Gepflogenheit ist, biologische Erklärungen des menschlichen Verhaltens so zu deuten, daß daraus eine Rechtfertigung des „Bösen" ablesbar ist; eine Rechtfertigung der Gewalt, des „Überlebens des Stärkeren" (vgl. S. 63), der Diskriminierung von Rassen usw.

Es steht außer Frage, daß die *Interpretation* biologischer Theorien, Aussagen und Modelle manchmal zu verheerenden Auswüchsen führten und daß ein Ernst Haeckel solche Interpretationen förderte. Aber nochmals müssen wir uns sozialgeschichtliche Zusammenhänge vergegenwärtigen, die manches in anderem Licht erscheinen lassen. Da schon vorhin von Wien die Rede war, wollen wir noch einmal einen kurzen Blick auf diese Stadt werfen – nun aber nicht auf das Wien Kaiser Franz Josephs, sondern auf die ganz andere Donaumetropole nach dem verlorenen Ersten Weltkrieg, der die einstige Noblesse in die Unbedeutendheit riß und einen Großteil der Bevölkerung in ungeahnte Armut stürzte. Da war – man kann sich dies heute wohl kaum vorstellen – *Natur* für viele, insbesondere die Unterprivilegierten, ein Keim der Hoffnung. Eine Charakterisierung der Zuhörerschaft im „Arbeiterheim", einer Volkshochschule in Ottakring (einem Wiener Randbezirk, der zumindest damals nicht den besten Ruf genoß), macht deutlich, was hier zu sagen ist:

„Im *Arbeiterheim* – da saßen sie, die ebenso ausgehungerten und müden Gestalten – war alles in Bewegung, unbekümmerte Natur, hineingerissen ins Allzumenschliche; die alten Horizonte waren aufgerissen. Man hatte nichts zu bedauern, da man niemals etwas Vorzeigbares besessen hatte. An die Stelle von Resignation war Freude zu einem neuen Start getreten. Man fühlte sich im Aufbruch, unter dem kaum zu bewältigendem Gefühl der Koinzidenz von *Weltall und Menschheit* [...] Alles ereignete sich unter der Perspektive einer Gesamtanschauung. Das war die Situation der ‚Halbgebildeten'" (Schlechta 1973, S. 7f.).

Diese Szene erinnert auch ein wenig an die Wirkung, die Huxleys populäre Vorträge vor Arbeitern Jahrzehnte vorher in London ausgelöst hatten (vgl. S. 73). Natur, Evolution scheinen in Zeiten der Krise weniger gefährlich als in Zeiten des Wohlstands; und sie erscheinen jenen, die täglich ums Überleben zu kämpfen haben, nicht als Schreckgespenst, sondern als Determinanten ihrer eigenen Existenz. Im kultivierten Haushalt eines Großbürgers – gleich, ob in London im Jahre 1861 oder in Wien im Jahre 1901 – mußte der Hinweis auf die „Affenabstammung" des Menschen oder die These von der Bedeutung des Sexualtriebs im Leben des Menschen als Peinlichkeit empfunden werden. Nicht so in all jenen sozialen Schichten, denen man ohnehin – direkt oder indirekt – stets zu verstehen gab, nur für „niedere" Tätigkeiten geeignet zu sein.

Man verstehe das nicht falsch. Ich behaupte nicht, daß die Rezeption einer wissenschaftlichen Theorie „schichtspezifisch" verläuft, von der sozialen bzw. ökonomischen Situation der Menschen allein abhängig ist. Ich versuche aber zu verdeutlichen, warum insbesondere Ernst Haeckel mit seinen populären Schriften in breiten Kreisen Erfolg hatte, während viele seiner Aussagen auch von der Fachwelt in Zweifel gezogen wurden. Zugleich ist es eine psychologische Trivialität, daß der, der nur mit klassischer Musik und schöngeistiger Literatur aufgewachsen ist und dem die „Sondernatur" des Menschen gleichsam in die Wiege gelegt wurde, mit „Natur" etwas anders umgeht als der, der sich eben in der Natur und gegen die Naturkräfte im Leben zu bewähren hat. Diese Zusammenhänge sprechen weder für noch gegen eine bestimmte „Naturtheorie" – sie helfen uns aber zu verstehen, was ein Mensch im einzelnen von einer solchen Theorie erwartet und inwieweit er in der Lage ist, die Theorie mit seinem eigenen Leben in Beziehung zu setzen. Darin liegen sicher auch einige der Gründe für die Ideologisierung biologischer Erkenntnisse; für die Verherrlichung biologischer Theorien auf der einen Seite, für ihre Verdammung auf der anderen. Wir werden diese Aspekte im 9. Kapitel nochmals aufgreifen und vertiefen.

Mit etwas Phantasie konnte gerade in den sozial unterprivilegierten Schichten auch Haeckels biogenetische Regel gesellschaftlich gedeutet werden, und zwar im positiven wie auch im negativen Sinn. Sah sich die Arbeiterschaft auf einer sozial niedrigen Stufe – und zweifelsohne konnte sich ein Industriearbeiter im späten 19. oder frühen 20. Jahrhundert nicht des Eindrucks erwehren, in der Sozialhierarchie tief unten angesiedelt zu sein –, dann gab es gemäß Haeckels Prinzip noch Hoffnung: Man konnte sich als Durchgangsstufe zu einem höheren Niveau der sozialen Entwicklung sehen. Die andere mögliche Interpretation dieses Prinzips war aber, daß, wie in der Organismenwelt, bestimmte Formen – hier: soziale Schichten – auf einem niedrigen Entwicklungsniveau steckenbleiben und dazu verurteilt sind, bloß frühe Stadien der sozialen Evolution endlos zu rekapitulieren. Diese Interpretation liefert eine der Ursachen für soziale Diskriminierung und ganzen Völkern, die sich auf einer hohen Stufe der Zivilisation wähnen, das Motiv, andere Völker zu unterdrücken.

Allerdings hat Haeckels Prinzip jenen, die diese Sichtweise der sozialen – und mentalen – Evolution der Menschheit favorisierten, nur eine zusätzliche (biologische) Stütze gegeben.[4] Denn lange vor Haeckel, zum Teil schon im vorevolutionären Denken, erfreute sich ein „psychogenetisches Grundgesetz" großer Beliebtheit. Ähnlich wie Spencer glaubte, daß die „unzivilisierten" Völker den Kindern der Zivilisierten gleichen, war dieses „Gesetz" immer wieder „ein Lieblingsgedanke von Philosophen, Psychologen, Philologen und Pädagogen" (Oeser 1987, S. 145). Danach gibt es also „unterentwickelte", „wenig entwickelte" und „voll entwickelte" Menschen, Völker, Kulturen und Sprachen. Der Aristokrat oder Großbürger eines westlichen Industrielandes verkörperte somit die höchste Entwicklungsstufe – er hatte alle anderen Entwicklungsstufen erfolgreich durchlaufen und hinter sich gelassen. Haeckels biogenetische Regel und seine Naturtheorie als Ganzes konnte doch nicht nur für die „Arbeiterklasse" von Interesse sein.

8. Ist der Mensch, was er von Natur aus zu sein glaubt?

> Schon das Wort und der Begriff „Mensch" enthält eine tückische Zweideutigkeit.
>
> Max Scheler

Seit Jahrtausenden beschäftigen den Menschen seine eigene Herkunft, sein Wesen, seine Zukunft. Dabei geht es zum einen um den *individuellen* Menschen, der sich, in Momenten der Besinnung, jene elementaren Fragen stellt: Wer bin ich? Woher komme ich? Wohin gehe ich? Zum anderen aber geht es um die Species Mensch, *Homo sapiens*, die einige ihrer Vertreter sozusagen professionell darüber nachdenken läßt, worin ihre Ursprünge liegen, was ihr Wesen ausmacht, wohin ihre Zukunft weist. Die *Anthropologie* als Wissenschaft vom Menschen (im weitesten Sinn) sucht systematisch nach Antworten auf diese Fragen.

Sicher ist es richtig, daß, wie Scheler (1949) meinte, mit *Mensch* auf der einen Seite nur eine bestimmte Säugetierart bezeichnet, auf der anderen Seite aber (bei allen Kulturvölkern) ein Wesen charakterisiert wird, das man dem Begriff des Tieres entgegensetzt. Darin liegt ja auch der Grund dafür, daß alle im 19. Jahrhundert mit einiger Klarheit ausgesprochenen Auffassungen von der Abkunft des Menschen aus der Tierwelt auf heftigen Widerstand stießen – und noch heute Widerstand finden. Der Mensch als Gegensatz zum Tier, oder doch als etwas elementar Anderes – diese Denkfigur begleitet, bis in unsere Tage, die meisten Reflexionen von Sozialwissenschaftlern, Philosophen und Theologen. Der Mensch als vernunftbegabtes Wesen, als *animal rationale*, erscheint den meisten von uns, wenn auch letztlich eingeräumt wird, daß seine „tierische Herkunft" nicht ganz zu leugnen ist, als etwas Besonderes, vielleicht gar als Tier, aber dann doch eben als besonderes Tier, das sich über alle anderen Arten zu stellen vermag, indem es über sich selbst kritisch nachdenkt.

Die wissenschaftliche Anthropologie ist eine Disziplin mit vielen Facetten. Sofern sie die biologischen Wurzeln des Menschen, seines Körperbaus und seines Verhaltens, seiner Entwicklungsgeschichte und seiner Populationsdifferenzierung studiert (*Humanbiologie*), kann sie als „Anthropologie von unten" charakterisiert werden. Damit wird auch in der Tradition Darwins weder die „geistige Seite" des Menschen noch sein subjektives Erleben geleugnet, doch wird beiden keine Autonomie zugebilligt. Es geht um die Frage, „aufgrund welcher in der Geschichte (Evolution) liegenden Prozesse sich einerseits *subjektives* Erleben, andererseits das *Kollektivphänomen* des Geistigen herausgebildet hat" (Wuketits 1984, S. 133).

Als eigentlicher Vater der biologischen Anthropologie wird meist Johann Friedrich Blumenbach (1752–1840) gesehen, der in seiner Dissertation *De generis humani varietate nativa* (1788) die Rassenkunde auf morphologischer Basis begründete (vgl. z. B. Heberer 1970, Mühlmann 1968). Aber auch Kant hat wesentliche Beiträge zur empirischen Begründung der Anthropologie geleistet. So betonte er in seiner 1775 erschienenen Schrift „Von den verschiedenen Racen der Menschen" einerseits die – wie man heute sagt – *phänotypische Variation* unserer Species, sah aber andererseits auch die Einheit des Menschengeschlechts. Er schrieb dazu folgendes:

„Nach diesem Begriffe gehören alle Menschen auf der weiten Erde zu einer und derselben Naturgattung, weil sie durchgängig mit einander fruchtbare Kinder zeugen, so grosse Verschiedenheiten auch sonst in ihrer Gestalt mögen angetroffen werden. Von dieser Einheit der Naturgattung, welche eben so viel ist, als die Einheit der für sie gemeinschaftlich gültigen Zeugungskraft, kann man nur eine einzige natürliche Ursache anführen: nämlich, dass Alle zu einem einzigen Stamme gehören, woraus sie, ungeachtet ihrer Verschiedenheit, entsprungen sind, oder doch wenigstens haben entspringen können" (vgl. Kant 1839, S. 315f.).

Es ist immer wieder bemerkenswert, wie sehr sich Kant schon dem Evolutionsgedanken genähert hat. Aber sein letztlich in einer idealistischen Tradition wurzelnder Ansatz zur Bestimmung der Natur und des Menschen ließ den letzten Schluß doch nicht zu.

Interessant, zugleich aber durchaus verständlich ist der Umstand, daß eine biologische, empirische Anthropologie maßgeblich bei der Differenzierung des Menschen in *Rassen* ansetzte. Aber die Geschichte der Anthropologie insgesamt ist, zumindest was ihre frühen Entwürfe im 17. und 18. Jahrhundert betrifft, entscheidend geprägt vom Kuriositäts-Interesse der Europäer an anderen Ländern und Völkern. So bemerkt auch Mühlmann (1968, S. 13) folgendes:

„An dieser exotischen Neugier entzündeten sich die Fragen nach dem Woher des Menschengeschlechts, nach den Ursprüngen und Anfängen der menschlichen Kultur, Sprache, Gesellschaft und Religion, und der Ausgliederung der Menschheit in Rassen und Völker, ihrer Entwicklung und ihrer Einwirkung und gegenseitigen Beeinflussung."

Im deutschen Sprachraum ist der Begriff „Rasse" heute allerdings verpönt. „Kein anderer Begriff der Anthropologie ist in den letzten Jahrzehnten vergleichbar in Frage gestellt worden" (Winkler 1988, S. 277). Konnte noch einer der bedeutendsten deutschen Anthropologen des 20. Jahrhunderts, Saller (1949, S. 13), feststellen, daß man „wie den Begriff der Art [...] auch den der Rasse für den Menschen eindeutig definieren" kann, so findet man heute oft die Auffassung, daß eine klare Rassendefinition im Grunde nicht möglich sei und der Rassenbegriff überhaupt aufgegeben werden sollte (zur Übersicht siehe Winkler 1988). Das Buch *Rassen und Rassenbildung beim Menschen* von Schwidetzky (1979) ist, soweit ich sehe, auch eines der letzten im deutschen Sprachraum, das im Titel den Rassenbegriff enthält. Über Rassen spricht man also nicht mehr.

Die Ursachen dafür sind naheliegend: Der *Rassenwahn* des Dritten Reiches, die Verfolgung „nichtarischer" Völker durch die Verbrecher des Nationalsozialismus, die Ausmerzung von Millionen von Menschen – all das hat viele dünnhäutig gemacht, und das ist gut so. Nicht zu leugnen ist, daß sich, wie im nächsten Kapitel noch kurz zu besprechen bleibt, am Rassenwahn der Nationalsozialisten auch Anthropologen, Genetiker und Ärzte beteiligt haben. Darunter hat die Wissenschaft der Anthropologie sehr gelitten.

Aber sosehr auch Vorsicht mit Begriffen wie dem der Rasse angebracht ist und wir zugeben müssen, daß sich in der Wissenschaftsgeschichte oft ganze Disziplinen für ideologische Zwecke mißbrauchen ließen, so müssen wir auf der anderen Seite doch einer nüchternen Betrachtungsweise den Vorzug geben. Ich verteidige nicht den Rassenbegriff und bin natürlich mit Dunn und Dobzhansky (1946) der Auffassung, daß alle früheren Vorstellungen von „biologisch besser angepaßten" oder „biologisch besser geeigneten" Rassen sehr schnell zur

Ideologie der „Herrenrasse" führen können (und in der Tat dazu geführt haben). Ich bin aber auch der Meinung, daß man Ideologien nicht durch Sprachsäuberungen vermeiden kann, die ja dann doch wieder nur anderen Ideologien den Weg ebnen (und im übrigen stets totalitäre Systeme in gefährliche Nähe rücken!).

Mit diesem kleinen Exkurs in die Geschichte des Rassenproblems soll aber schon einmal folgendes deutlich geworden sein: Die wissenschaftliche Beschäftigung mit dem Menschen steht seit jeher vor großen Problemen, weil hier das zu untersuchende *Objekt* zugleich das beobachtende *Subjekt* ist; der Forscher ist von seinem Forschungsgegenstand nicht mehr zu trennen, Subjekt und Objekt sind also praktisch identisch. Dazu kommt, daß die jeweiligen Ergebnisse der Forschung den Menschen unmittelbar betreffen – und nicht selten betroffen machen. Eine Theorie etwa in der Geologie kann man sozusagen mit Abstand genießen; eine Theorie über den Menschen, seine Vergangenheit, seine gegenwärtige Situation oder seine mögliche Zukunft kann unmittelbaren Einfluß auf das menschliche Leben ausüben. Schon in den vorangegangenen Kapiteln ist ja zweierlei deutlich geworden: Biologische Theorien, insbesondere jene, die den Menschen direkt oder indirekt betreffen, können sehr schön die jeweiligen kulturellen bzw. sozialen Zustände spiegeln und daher vielen genehm sein; biologische Theorien können aber den Menschen auch zu bestimmten Handlungen veranlassen und die Gesellschaft – im guten wie im schlechten Sinn – verändern. Wir müssen daher nochmals festhalten, daß die Geschichte biologischer Theorien viel stärker als die Geschichte der Theorien anderer Naturwissenschaften mit der Geistes- bzw. Sozialgeschichte des Menschen verwoben ist. Wenn Mason (1974) bemerkt, daß wissenschaftliche Theorien im Laufe der Geschichte nicht immer aufgrund sachlicher Feststellungen beurteilt worden sind, dann gilt das in besonderem Maße für biologische Theorien, und zwar nicht nur für in der Geschichte etablierte Theorien, sondern auch für heutige.

Nun ist die Frage dieses Kapitels, ob der Mensch das ist, was er *von Natur aus* zu sein glaubt. Diese Formulierung könnte den Leser etwas verwirren. Was glaubt denn der Mensch, *von Natur aus* zu sein? Was bedeutet überhaupt *Natur* in diesem Zusammenhang? Wissen wir denn überhaupt, ob es so etwas wie einen „naturgemäßen" Glauben des Menschen an sich gibt?

Ist der Mensch, was er von der Natur aus zu sein glaubt?

Mit der Wendung „von Natur aus" meine ich, daß der Mensch in jedem Zeitalter eine bestimmte Vorstellung von seiner eigenen Natur entwickelt und dieser gemäß sein Selbstbildnis entwirft. Von großer Bedeutung in diesem Zusammenhang ist aber, daß in den letzten, sagen wir, hundertfünfzig Jahren die Biologie entscheidenden Anteil an der Formung eines Menschenbildes hatte. Trotz des erwähnten Problems – daß nämlich das Studium des Menschen immer nur von Menschen betrieben werden kann – muß man heute zugeben, daß wir über uns wesentlich mehr wissen als die Repräsentanten früherer Zeitalter. Daran hat die Biologie einen entscheidenden Anteil. Evolutionsbiologie, Verhaltensforschung, Neurobiologie und andere Disziplinen haben einen enormen Beitrag zu unserem Selbstverständnis geleistet. Das soll nicht heißen, daß wir in der Lage sind – oder demnächst in die Lage kommen werden – uns selbst sozusagen vollständig zu erklären. Viele Fragen sind offen und werden wohl auch in nächster Zeit nicht beantwortet werden können. So hat beispielsweise die moderne Medizin, in enger Zusammenarbeit mit vielen biologischen Disziplinen, beachtliche diagnostische und therapeutische Erfolge zu verzeichnen, ohne aber eine schlüssige Antwort darauf zu haben, warum offenbar jeder einzelne Mensch auf verschiedene Umwelteinwirkungen anders reagiert; warum bestimmte Umwelteinwirkungen für manche Menschen schädlich sind, für andere nicht; warum der Krankheitsverlauf in vielen Fällen nicht den Erwartungen der Ärzte entspricht; warum manche Erkrankungen bei einigen Menschen tödlich verlaufen, bei anderen nicht; worin überhaupt die Ursachen bestimmter Krankheiten bestehen.

Nun bleiben diese Fragen auch für andere Lebewesen offen – Hunde sterben auch nicht nach einem bestimmten Schema und reagieren auf die gleichen Umwelteinflüsse sehr verschieden. Dennoch ist man geneigt, die Situation beim Menschen immer als eine *besondere* zu sehen. Würde man anerkennen, daß der Mensch tatsächlich nichts Besonderes ist (zumindest, was seine Anatomie und Physiologie betrifft), dann könnte man sich vielleicht damit abfinden, daß uns seine individuelle Entwicklung, seine Krankheiten und sein Tod vor keine kleineren oder größeren Probleme stellen als dieselben Phänomene bei Hunden, Katzen, Kaninchen oder Pavianen (um vorsichtshalber in der Klasse der Säugetiere zu bleiben). Allerdings ist, auch in neuerer und neuester Zeit, nicht zuletzt von *Biologen* die Sonderstellung des

Menschen in der Natur immer wieder betont worden. Der Grund dafür ist seine *Kultur*, die man gern als die organische Evolution sozusagen übersteigenden Bereich sieht. In diesem Sinne äußert sich z. B. Osche (1987, S. 500) folgendermaßen:

„Fragen wir als Biologen nun, welche besonderen Seinskategorien das Organische vom Anorganischen und den Menschen von der übrigen belebten Welt (dem Organischen) ‚abheben', so [ergibt sich ...], daß der Mensch all jene wesentlichen Eigenschaften, die alle Lebewesen gegenüber dem Anorganischen auszeichnen, in seiner kulturellen Evolution ‚übersteigert' und durch neue Systemeigenschaften erweitert hat, was gestattet, ihm als ‚Super-Organismus' biologisch eine Sonderstellung zuzuerkennen."

Diese Sätze sind durchaus repräsentativ für die Überzeugung vieler Biologen bzw. Evolutionsforscher. Als weiteres Beispiel gebe ich hier nur ein Zitat aus Dobzhansky (1958, S. 390):

„Die Art wurde [...] zum Menschen und begann eine neue Art von Evolution, die Evolution des Menschen und der Kultur. Vor annähernd zweitausend Jahren war diese Art so weit in ihrer Entwicklung vorangekommen, daß sie fähig war, die Bergpredigt zu vernehmen."

Tatsächlich sind auch in unserem Jahrhundert nur ganz wenige Biologen bereit, zuzugeben, daß die „Sonderstellung des Menschen" ein für allemal dahin ist, wenn man Darwin und die Evolutionstheorie wirklich ernst nimmt (Ruse 1986). Natürlich hat auch Darwin nie die Besonderheiten der menschlichen Kultur geleugnet oder behauptet, daß die kulturelle mit der biologischen Evolution *gleichzusetzen* sei. Wenn wir uns aber an seine Vorstellung von der graduellen Entwicklung mentaler Fähigkeiten erinnern (vgl. S. 80), dann drängt sich sehr wohl die Vermutung auf, daß er zwischen der organischen Evolution und dem Auftreten von Kultur keinen Bruch gesehen hat.

In neuerer Zeit hat sich in der Biologie eine Disziplin etabliert, die sich unter anderem den komplexen Wechselwirkungen zwischen organischer und (sozio)kultureller Evolution widmet und viel Staub aufgewirbelt hat: die *Soziobiologie*. Es ist lohnend, auch an dieser Stelle zumindest einige der Ansätze dieser Disziplin stichworthaltig zu umreißen. Ihre historischen und erkenntnistheoretischen Grundlagen, ihre Grundkonzepte und Kritikpunkte habe ich in anderen Veröffentlichungen ausführlicher dargestellt (vgl. Wuketits 1990a, 1997).

Ist der Mensch, was er von der Natur aus zu sein glaubt?

Prinzipiell behandelt die Soziobiologie[1] das Phänomen des Sozialverhaltens beim Menschen und bei Tieren und ist soweit ein Teilgebiet der Verhaltensforschung. Sie steht auf dem Boden der Theorie Darwins und erhellt die evolutiven Wurzeln und die Selektionsvorteile der Gruppenbildung. Dabei bedient sie sich ökonomischer Modelle (Kosten-Nutzen-Rechnungen), enttäuscht somit manchen Naturromantiker, steht aber in einer alten Tradition. Denn schon Linné sprach ausdrücklich von einer *Oeconomia naturae*, einem „Haushalt der Natur", und verwendete damit eine ausdrucksstarke Metapher. Wenn Soziobiologen beispielsweise davon sprechen, daß Eltern in ihre Kinder *investieren*, dann ist damit – im strikten Sinne Darwins – gemeint, daß in der Natur der *Fortpflanzungserfolg* von größter Wichtigkeit ist. Im übrigen läßt sich, mit Wilson (1978),[2] thesenartig festhalten, was sich Soziobiologen von ihrer Disziplin insgesamt versprechen:

1. Soziobiologie ist das systematische Studium biologischer Grundlagen aller Formen des Sozialverhaltens bei allen Arten von Lebewesen, einschließlich des Menschen.
2. Wir werden sicher noch in die Lage kommen, bestimmte Gene zu lokalisieren und zu beschreiben, die die komplexeren Formen sozialen Verhaltens verändern.
3. Es gibt keinen Grund, irgendeinen Aspekt des menschlichen Verhaltens aus der Soziobiologie auszuklammern.
4. Soziobiologie kann als Brückenschlag zwischen Natur-, Geistes- und Sozialwissenschaften gesehen werden.

Es ist wichtig zu sehen, daß – während z. B. die Biologiehistorikerin Jahn (1990) in der Soziobiologie, vor allem in Wilsons Werk, einen „biologischen Determinismus" zu entdecken glaubt – im Selbstverständnis der Soziobiologen ein Determinismus kaum Platz findet. „Soziobiologie", schreibt Voland (1993, S. 11), „ist zweifellos eine genetische, aber keine deterministische Theorie des Verhaltens". Soziobiologen sind also *nicht* davon überzeugt, daß insbesondere menschliches Verhalten in allen Einzelheiten (genetisch) vorprogrammiert ist und messen ökologischen Einflüssen große Bedeutung bei. Sie gehen aber davon aus, daß der Mensch *lernfähig* ist und mit seiner Kultur tatsächlich eine neue Art der Informationsübertragung geschaffen hat. Dawkins (1994), dessen Metapher vom „egoistischen Gen" viele Mißverständnisse hervorgerufen hat, spricht ausdrücklich von *Memen*, um – in Analogie zum Begriff des Gens – Replikatoren zu kennzeichnen, die für die Vervielfältigung von Ideen sorgen: für die Weitergabe bestimmter sprachlicher Ausdrücke, Melodien, religiöser Vorstellungen, ethischer Normen usw. Dabei gibt er zu, daß diese Art der Informationsübertragung eine evolutive Neuheit ist, die eben erst beim Menschen auftritt. Ähnlich argumentieren auch Lumsden und Wilson (1981), die mit dem Ausdruck *culturgen* einen kulturproduzierenden Mechanismus auf den Begriff bringen und keineswegs, wie oft fälschlich unterstellt wird, Kultur*gene* meinen.

Während aber viele Autoren – auch, wie gesagt, viele Biologen – die Kultur von der organischen Evolution abgekoppelt sehen, betrachten die Soziobiologen die organische und die kulturelle Evolution als einen *koevolutionären* Prozeß, einen Prozeß von Wechselwirkungen, ohne den einen „Evolutionsbereich" auf den anderen zu reduzieren.

Zugleich sehen die Soziobiologen in der Kultur bzw. kulturellen Evolution keinen „Bruch" mit der organischen Evolution, sondern weisen darauf hin, daß biologische Prozesse die unabdingbare Grundlage jedes „Kulturschaffens" sind. Im Verständnis der Soziobiologie ist Kultur also bloß ein spezifischer Ausdruck eines bestimmten Lebewesens mit ausgeprägten anatomischen und physiologischen Kapazitäten.

Ferner wird menschliches Sozialverhalten – auch in seinen komplexen Formen des *Moralverhaltens* – auf Prinzipien der sozialen Organisation der Lebewesen zurückgeführt, die tief in die Evolutionsgeschichte zurückreichen. Insbesondere spielt dabei egoistisches bzw. altruistisches Verhalten eine wichtige Rolle. Wir sind, in soziobiologischer Argumentation, wie alle anderen Lebewesen „geborene Egoisten" mit ausgesprochenem „Fortpflanzungsinteresse". Allerdings zahlt sich Kooperation und altruistisches Verhalten aus; in vielen Fällen kann der Fortpflanzungserfolg nur gewährleistet werden, wenn man mit anderen Individuen kooperiert und andere unterstützt. Das Konzept des *reziproken Altruismus*, der gegenseitigen Hilfe, ist dabei sehr wichtig.

Aber auch außerhalb der „Fortpflanzungsgeschäfte" ist bei allen sozial lebenden Organismen kooperatives bzw. altruistisches Verhalten geboten, was sich z. B. in der gemeinsamen Verteidigung gegen Feinde, in der kollektiven Jagd usw. deutlich zeigt. Dasselbe gilt auch für den Menschen. Wer also etwa meint, die Soziobiologen würden uns dazu auffordern, egoistisch zu handeln, ist im Irrtum. Denn gerade der soziobiologische Ansatz macht deutlich, daß unsere Gattung bislang nur überlebt hat, weil sich eben nicht, wie der englische Philosoph Thomas Hobbes (1588–1679) meinte, immer alle im Krieg gegen alle befunden haben,[3] sondern weil auch kooperatives Verhalten praktiziert wurde.

Damit hat die Soziobiologie auch wichtige Implikationen für die Ethik (vgl. z. B. Ruse 1986, Wilson 1975, Wuketits 1993b, 1997). Moral ist demnach keine abstrakte Kategorie, die den Menschen sozusagen aus der Welt der Lebewesen heraushebt, sondern ein biosozialer Mechanismus, der der Gruppenfestigung und damit auch dem Überleben des Individuums in der Gruppe dient. Was wir heute als „Moral" bezeichnen, ist nichts weiter als die „Verlängerung" bzw. Verfeinerung eines uralten Prinzips in der Stammesgeschichte der Organismen: des Prinzips der Kooperation. Es bleibt unbestritten, daß der Mensch das einzige Lebewesen ist, daß zwischen „gut" und „böse" unterscheidet und überhaupt Moral bzw. Unmoral kennt. Aber diese Fähigkeit hat eben auch wieder stammesgeschichtliche Wurzeln und ist von unserer Evolution als biologische Spezies nicht zu trennen.

Nimmt man die Soziobiologie ernst, dann ist der Mensch tatsächlich viel weniger, als er zu sein glaubt. Er ist ein Primate mit bestimmten Fähigkeiten, aber sein ganzes Verhalten und Handeln trägt die Spuren seiner stammesgeschichtlichen Vergangenheit unauslöschlich mit sich. Damit haben die Soziobiologen die menschliche Eitelkeit schwer verletzt, und es ist nicht weiter verwunderlich, daß ihnen auch aus diesen Gründen viel Kritik entgegengebracht wurde und wird. Der Mensch erscheint abermals, wie schon bei Freud (vgl. S. 94), nicht als Herr im eigenen Haus: Er wird von stammesgeschichtlich alten Verhaltensantrieben beeinflußt und ist in gewissem Sinne ein „Getriebener der Evolution". Die Kränkungen der Menschheit sind also um eine weitere Facette bereichert.

Wilsons Vermutung, daß wir sicher noch in die Lage kommen werden, diejenigen Gene zu beschreiben und zu lokalisieren, die die Formen unseres sozialen Verhaltens bestimmen bzw. verändern, schürt freilich alte Hoffnungen und Befürchtungen zugleich. Zusammen mit den Möglichkeiten der modernen Gentechnologie und den weltweiten Bemühungen, das komplette menschliche Genom zu erfassen (vgl. 10. Kapitel), kann Wilsons Vorstellung so aufgefaßt werden, daß wir unser Verhalten genetisch zu steuern in die Lage kommen werden. Wären wir dann doch „Herr im eigenen Haus?". Dieses Problem wirft ethische Fragen auf, wie sie die Biologie in ihrer bisherigen Geschichte noch nie zu bewältigen hatte. Noch nie war die Verbindung von Biologie, „Menschenbild" und Ethik so eindringlich wie unter diesen Vorzeichen. Das bedeutet zugleich eine neue Herausforderung an die Biologen. Stärker als je zuvor sind bestimmte ihrer Konzepte vor dem Hintergrund unserer „Gesamtkultur" zu reflektieren. Diese Reflexion kann aber nicht nur Philosophen und Sozialwissenschaftlern überlassen werden, sondern bleibt in hohem Maße von den Biologen einzumahnen.

9. Biologie und Ideologie – eine unselige Beziehung

> ... Darwins Buch über „Natural Selection". Obgleich grob englisch entwickelt, ist dies das Buch, das die naturhistorische Grundlage für unsere Ansicht enthält.
>
> Karl Marx

Die Verbindungen von Biologie mit unterschiedlichen Ideologien wurden im vorliegenden Band schon mehrfach erwähnt. Einer der Gründe für diese Verbindungen wurde auf S. 104 bereits angedeutet. Bemerkenswerterweise kann *ein und dieselbe* biologische Theorie von sehr verschiedenen Ideologien vereinnahmt werden. So mußte Darwins Theorie der natürlichen Auslese sowohl für „rechte" als auch für „linke" Ideologien (man gestatte diese Vereinfachung) herhalten. Sie wurde von den Sozialdarwinisten und Nationalsozialisten mißbraucht, genauso aber glaubte auch Karl Marx (1818–1883), daß diese Theorie die (naturwissenschaftliche) Grundlage für seine und Engels' sozialpolitische Auffassung bietet.[1]

Will man die Beziehungen zwischen Biologie und Ideologie (historisch) diskutieren, so steht man freilich zunächst vor der Schwierigkeit, daß der Ideologie-Begriff selbst häufig in einem sehr vagen Sinn, in unscharfer Weise verwendet wird und (historischen) Wandlungen unterliegt, so daß es leicht zu terminologischen Konfusionen kommt. Meines Erachtens kann man sich aber darauf einigen, daß eine *Ideologisierung* einer wissenschaftlichen Disziplin immer dann erfolgt, „wenn bewußt *Parteilichkeit* in die betreffende Wissenschaft getragen wird" und „die Erkenntnisse der fraglichen Wissenschaft, ihre Ziele und Vorhaben, bewußt parteipolitischen Interessen untergeordnet werden" (Wuketits 1992b, S. 185). Ein Beispiel dafür gibt der Artikel „Die Naturwissenschaft" in der *Großen Sowjet-Enzyklopädie* ab, wo es heißt, die (sowjetische) Naturwissenschaft sei „untrennbar mit der Praxis des Kampfes für den Sieg des Kommunismus in der UdSSR verbunden" und ihre Entwicklung werde „unmittelbar von der Kommunistischen Partei, der Sowjetregierung, dem Zentralkomitee der KPdSU gelenkt" (Kedrow 1955, S. 51).

Bevor wir in der Geschichte wieder weiter zurückgreifen, ist es durchaus nützlich und erhellend, beispielhaft auf die Verbindung von Biologie und Ideologie in der alten Sowjetunion einzugehen und an die „Affäre Lyssenko" zu erinnern (siehe hierzu vor allem Regelmann 1980).

Trofim Denissowitsch Lyssenko (1898–1976) war Biologe und Züchtungsforscher und wollte durch eine Theorie der Vererbung erworbener Eigenschaften – also Eigenschaften eines individuellen Organismus und deren unmittelbarer Weitergabe an die Nachkommen (vgl. S. 58) – der politischen Überzeugung die Grundlage liefern, wonach die direkte, erblich fixierbare Einflußnahme auf Lebewesen (insbesondere den Menschen!) möglich sei. Er stützte sich auf Arbeiten des Botanikers und Obstzüchters Iwan W. Mitschurin (1855–1935), „der die These der Kreuzung ‚weitentfernter Arten' aufstellte und auf diese Weise über 300 neue Obstsorten schuf" (Oeser 1997, S. 13 f.; vgl. Mitschurin 1949). Im zaristischen Rußland hatte Mitschurin mit seinen Arbeiten und seinen Plänen, mit neuen Pflanzensorten seinem Vaterland zu dienen, keinen Erfolg. Die Situation änderte sich aber nach der Oktoberrevolution. Der zuvor unbedeutende Einzelgänger auf dem Gebiet des experimentellen Gartenbaus wurde eine bedeutende, von der Regierung auch materiell unterstützte Forscherpersönlichkeit, die im Stalinismus zu einigem Ansehen und einiger Macht gelangte.[2] An diesen vorgegebenen Machtstrukturen konnte Lyssenko ansetzen. Er wurde der Paradebiologe der stalinistischen Sowjetunion, der „‚Diktator' der sowjetischen Biologie" (Oeser 1997, S. 14) zwischen 1948 und 1964; sein Einfluß versiegte nach Stalins Tod – und der Einsicht, daß er der sowjetischen Landwirtschaft viel mehr Schaden als Nutzen gebracht hatte.

Lyssenko ist nicht nur ein Beispiel für die Ideologisierung, sondern auch für Macht und Machtmißbrauch in der Wissenschaft. Wenn Bacons berühmter Ausspruch „Wissen ist Macht" – der nicht selten mißverstanden wurde und wird – eines Beispiels bedarf, dann hat dieses Beispiel Lyssenko auf tragische Weise geliefert; allerdings nicht mit *Wissen* im engeren Sinn, sondern mit der Ideologisierung vager Vermutungen, mit politischen Überzeugungen, die mit Wissenschaft nichts

Biologie und Ideologie – eine unselige Beziehung 113

mehr zu tun hatten, sondern bis heute gängige politische Machtstrukturen spiegeln.

Im Anschluß an frühere Kapitel dieses Buches (insbesondere die Kapitel 5 bis 7) läßt sich sagen, daß vor allem die Theorie Darwins und Evolutionstheorien im allgemeinen immer wieder mit Ideologien verbunden worden sind, was zum Teil zu verheerenden Auswüchsen führte. Andererseits ist diese Verbindung auch nicht so überraschend, wenn man bedenkt, daß sowohl Darwin als auch andere Evolutionstheoretiker, wie wir gesehen haben, an den Fortschritt glaubten. So war der *Sozialdarwinismus*, der zwar auf Darwins Namen zurückgeht, aber insgesamt eine Verdrehung und ideologische Vereinnahmung seiner Theorie darstellt, in gewissem Sinne „nur" die Konsequenz sozialpolitischer Erwartungen und ihrer vermeintlichen naturwissenschaftlichen Begründung. Gleichzeitig wurde die Person Darwins gelegentlich auf eine Weise verherrlicht, die dem „Eremiten von Down" peinlich sein mußte, sofern er davon Notiz nahm. So schrieb die *Atlantic Monthly* 1872, daß Darwin den „höchsten Typus des wissenschaftlichen Denkers" verkörpert, „daß seit dem Tod Newtons dieser Typus in keiner perfekteren Form hervorgetreten ist, als in der Person Mr. Darwins" (zit. nach Koch 1973, S. 63). So wundert es eigentlich nicht, daß auch die Theorie dieses „Typus des wissenschaftlichen Denkers" nach allen Richtungen hin „ausgebeutet" wurde.

Darwins Theorie fügte sich gut in die alte Tradition *biologistischer* Denkmodelle ein, denen zufolge die verschiedensten Bereiche der realen Welt analog einem Organismus gedeutet wurden. Giordano Bruno (1548–1600), der 1592 verhaftet wurde und schließlich in Rom auf dem Scheiterhaufen endete, sah das ganze Universum als etwas Belebtes, als einen großen Organismus, der sich in eine unendliche Mannigfaltigkeit von Einzelphänomenen entwickelt. Brunos Ansichten mochten damals ein Anlaß für das grausame Einschreiten der Inquisition gewesen sein, sind aber aus der Perspektive unserer Zeit völlig harmlos – und nicht zu vergleichen mit den biologistischen Exzessen im *angewandten* Sozialdarwinismus (zur Übersicht siehe Koch 1973).

Es wurde bereits gesagt (vgl. S. 79), daß Ideen des Fortschritts und der Höherentwicklung der Menschheit zur Diskriminierung verschiedener Völker und „Rassen" führten. Haeckel ist in diesem Zusammenhang besonders interessant und mag manchem heutigen Vertreter der *political correctness* als abschreckendes Beispiel dienen. Analog

Tab. 2: Hierarchie der Völker nach Haeckel.

I. Naturvölker oder „Wilde"
    I A. Niedere Wilde (Pygmäen)
    I B. Mittlere Wilde (Australneger, Tasmanier, Ainu, Hottentotten, Feuerländer, brasilianische Waldstämme)
    I C. Höhere Wilde (z. B. Samojeden, die meisten Indianerstämme in Nord- und Südamerika)

II. Barbarvölker oder Halbwilde
    II A. Niedere Barbaren (z. B. die Eingeborenen von Neuguinea, Irokesen, die Bewohner von Nikaragua und Guatemala)
    II B. Mittlere Barbaren (z. B. Kalmücken, Aschanti, Lappen vor 200 Jahren, die alten Germanen, die Griechen der Zeit Homers)
    II C. Höhere Barbaren (z. B. Malayen, Abessinier, Mexikaner und Peruaner vor der spanischen Eroberung)

III. Zivilvölker
    III A. Niedere Zivilvölker (z. B. Mauren, die alten Ägypter, Babylonier, Phönizier, Assyrer)
    III B. Mittlere Zivilvölker (z. B. Siamesen, die Finnen und Magyaren des 18. Jahrhunderts)
    III C. Höhere Zivilvölker (z. B. Chinesen, Japaner, Türken, Engländer und Deutsche des 15. Jahrhunderts)

IV. Kulturvölker
    IV A. Niedere Kulturvölker (in Europa vom 16. bis zum 18. Jahrhundert)
    IV B. Mittlere Kulturvölker (Europäische Nationen im 19. Jahrhundert)
    IV C. Höhere Kulturvölker (noch nicht wirklich entwickelt)

zur Stufenleiter der Natur (vgl. 3. Kapitel) postulierte er eine Hierarchie der Völker (Haeckel 1905, Tabelle 2). Er stützte sich dabei freilich auch auf andere Autoren seiner Zeit; denn daß es „niedere" und „höhere" Völker gibt, war damals eine selbstverständliche Auffassung. Aus heutiger Sicht weniger erschreckend ist vielleicht Haeckels Klassifizierung der Völker als solche, sondern vielmehr seine Überzeugung, daß der „Lebenswert" der „niederen Wilden" gleich dem Lebenswert der Menschenaffen ist oder doch nur sehr wenig über demselben steht (vgl. Haeckel 1905).

Nun wäre es noch, mit einiger Großzügigkeit, entschuldbar, wenn Haeckel und seine Gesinnungsgenossen bei der bloßen Beschreibung ihrer „Objekte" geblieben wären. Aber das war nicht der Fall. Unterschwellig vertrat Haeckel die Ideologie vom „Homo germanicus" und dachte wohl, daß dieser Menschentyp die höchste Stufe der Menschheit in ihrer Entwicklung verkörpert. Davon waren auch viele andere überzeugt. Daher gewann im späten 19. Jahrhundert die Idee der „Rassenveredelung" an Bedeutung.

Francis Galton (1822–1911), ein Vetter Darwins, Arzt, Schriftsteller, Naturforscher, Entdeckungsreisender, war einer der ersten Sozialdarwinisten. Er versuchte die Vererbung statistisch zu erfassen und kam dabei zur Schlußfolgerung, daß Unterschiede jeder Art tendenziell in ganzen Familien auftreten. Er war der Ansicht, daß die meisten Eigenschaften des Menschen erblich, angeboren sind. Aber er ging noch einen Schritt weiter und meinte, daß die Merkmale eines Menschen nicht nur von seinen Eltern, sondern auch von seiner Rasse abhängen und somit alle „Rassenmerkmale" vererbt werden. Das war der Beginn der *Rassenhygiene* oder *Eugenik*. Im Grunde genommen war und ist diese Ideologie nicht verschieden von der Ideologie der russischen Obstzüchter, zumindest was ihre theoretischen Grundlagen betrifft, die aber unterschiedlich interpretiert werden können.

Obwohl der Sozialdarwinismus in verschiedenen Facetten aufgetreten ist und eigentlich ein ganzes Bündel von Ideologien darstellt, lassen sich die Grundüberzeugungen praktisch aller seiner Vertreter doch auf einige wenige Grundthesen zurückführen:
1. Die Selektionstheorie ist auf die soziale, ökonomische und moralische Entwicklung des Menschen in *normativem* Sinn übertragbar.
2. Es gibt gute und schlechte Erbanlagen.
3. Der Mensch hat die Aufgabe, die guten Erbanlagen zu fördern, die schlechten aber zu eliminieren.

Die „Wertschätzung des Erbguts" ist also ein zentrales Element sozialdarwinistischen Denkens. „Für die Nationen wie für den einzelnen ist das Höchste Gut ihr organisches Erbgut", schrieb Schallmayer (1910, S. 368). Der Arzt und Privatgelehrte Wilhelm Schallmayer (1857–1919) hatte sich um einen Preis beworben, der 1900 zur Beantwortung folgender Frage ausgeschrieben worden war: „Was lernen wir aus den Prinzipien der Deszendenztheorie in Beziehung auf die innerpolitische Entwicklung und Gesetzgebung der Staaten?" Unter sechzig Bewerbern gewann Schallmayer den ersten Preis. (Zu den Juroren zählte übrigens auch Haeckel.) Er schrieb:

„Im allgemeinen kann man sagen, daß dem Gesellschaftsinteresse die möglichst günstige Gestaltung der äußeren Lebensbedingungen, die sich ja tatsächlich jede gesunde Sozialpolitik in wirtschaftlicher und in hygienischer Hinsicht zum Ziel setzt, dem Rasseninteresse hingegen die möglichst günstige Gestaltung der Fortpflanzungsauslese dienlich ist" (Schallmayer 1910, S. 368). (Vgl. Weiss 1986.)

Im weiteren bedauerte er, daß diese Einsicht (in Deutschland) bei weitem noch nicht gewonnen wurde: „Wie entmutigend weit sind wir demnach noch entfernt von dem Zeitpunkt, wo diese Einsicht bis zu den, unser staatliches Leben leitenden Personen vorgedrungen sein wird!" (Schallmayer 1910, S. 368). Aber wie bereits Hertwig (1918) in seinem Versuch, den Sozialdarwinismus abzuwehren, mit Besorgnis feststellte, war die Zahl der Naturwissenschaftler und Ärzte, die unter Berufung auf Darwin soziale Reformen durchsetzen wollten, im zweiten Jahrzehnt unseres Jahrhunderts doch eben beträchtlich. Mit Schallmayer wurden die Ideen Galtons in Deutschland fortgeführt und zur „sozialanthropologischen Schule" erweitert (Mühlmann 1968). Etwa zur gleichen Zeit gewann der Sozialdarwinismus auch in Frankreich an Boden, wo ansonsten Diskussionen um den Darwinismus weniger folgenreich waren als in Deutschland, England und den Vereinigten Staaten von Amerika. Georges Vacher de Lapouge (1854–1936) jedenfalls vertrat einen Sozialdarwinismus in „Reinkultur": Darwinismus ist für ihn ausschließlich die Selektion; die menschliche Gesellschaft mit ihren Veränderungen beruht auf biologischer, genetisch faßbarer Grundlage; für den Untergang von Kulturen sind die „niederen Rassenelemente" verantwortlich (Seidler und Nagel 1973).

Man könnte also insgesamt sagen, daß zu Beginn unseres Jahrhunderts ein für sozialdarwinistische Ideen und Hirngespinste sehr günstiges Klima geschaffen worden war, das sich auf viele Länder ausbreitete. In Deutschland war die Entfaltung des Germanenkults jenen Ideen sehr hilfreich (vgl. Mann 1973). Während aber noch Leute wie Schallmayer in erster Linie Theoretiker waren, mit Wunschbildern von der Menschheit und der Gesellschaft, mit pseudowissenschaftlichen Vorstellungen über die Zukunft des Menschen und einzelner seiner Nationen,[3] wurde in den folgenden Jahren und Jahrzehnten aus der Ideologie blutiger Ernst. Die ideologischen Konzepte verselbständigten sich und führten im Dritten Reich zu einer mörderischen Praxis (vgl. auch Peters 1972). Ohne den Sozialdarwinismus auch nur im geringsten beschönigen zu wollen, müssen wir sicher zugeben, daß es eine grobe Vereinfachung wäre, „wollte man diesen Abstieg zur Barbarei einfach aus sozialdarwinistischen Anfängen herleiten" (Zmarzlik 1973, S. 302). Im Dritten Reich kamen mehrere Faktoren zusammen, die die bekannten Exzesse begünstigt haben. Ohne die triste wirtschaftliche Lage in der Zwischenkriegszeit, ohne die demagogische Fähigkeit des „Führers" und vor allem ohne die Bereitschaft von Millionen von Menschen, dieser Demagogie zu folgen, hätte der Sozialdarwinismus kaum eine wirkliche Katastrophe verursacht.

Eine andere Tatsache, vor der wir aber nicht die Augen schließen dürfen, ist, daß viele Biologen im Dritten Reich bereitwillig ihre Dienste einem verbrecherischen Regime zur Verfügung gestellt haben. Ärzte erarbeiteten Sterilisierungsmethoden, um der Zeugung „unwerten Lebens" zuvorzukommen, Psychiater sonderten in ihren Anstalten die „unnötigen Glieder" der Gesellschaft aus (siehe hierzu auch Müller-Hill 1981). Vielen Biologen und Anthropologen jener Zeit mag man zumindest vorwerfen, daß sie sich in ihren Veröffentlichungen einer Sprache bedienten, die den Nationalsozialisten genehm war, und daß sie nicht in der Lage waren, den Nationalsozialismus als beispielloses Verbrechen zu erkennen, wenngleich sie sich nie aktiv am Vernichtungskult in Auschwitz oder sonstwo beteiligt haben. Auch Konrad Lorenz gehört zu jenen Biologen, die sich vom Nationalsozialismus nicht distanziert haben – später hat Lorenz allerdings sehr wohl seinen Irrtum eingesehen (vgl. Wuketits 1990b).

Wie bereits auf S. 103 gesagt wurde, haben die Verbrechen des Dritten Reiches dazu geführt, daß im deutschen Sprachraum Anthropologie und Genetik tabuisiert und manche Begriffe, vor allem der Begriff der Rasse, völlig diskreditiert wurden. Eine bloße „Überreaktion"?

Zunächst einmal muß festgehalten werden, daß der Beitrag, den Biologen zu den Auswüchsen des Nationalsozialismus geleistet haben, sehr differenziert zu betrachten ist. Wir wollen nicht die „Erbärzte" vergessen, die zumindest indirekt Anleitungen für die Gaskammern gegeben haben! Wir dürfen aber den Beitrag der Biologie zum Dritten Reich auch nicht überschätzen. Theorien und Begriffe allein verursachen noch keine Verfolgung von ganzen Völkern. Das rechtfertigt manche Theorien und Begriffe keineswegs. Aber man bedenke, daß politische Machthaber und die, die politische Macht gewinnen wollen, die Anleitungen zu ihrem Verhalten keinesfalls primär aus wissenschaftlichen Theorien beziehen. Die Machthaber des Dritten Reiches hätten, wie zu vermuten bleibt, ihre beispiellosen Verbrechen gegen die Menschlichkeit auch dann begangen, wenn ihnen verschiedene biologische Vorstellungen über den Menschen gar nicht bekannt gewesen wären. Wissenschaft nimmt auf die Politik keinen so mächtigen Einfluß, wie das vielleicht mancher vermutet. Richtig ist aber, daß die Wissenschaft den jeweiligen „Zeitgeist" mitformt und *zusammen* mit anderen Faktoren die Politik *mit*bestimmt. Daß auch umgekehrt die Politik Einfluß auf die Wissenschaft nehmen kann und nimmt, ist klar. Das muß nicht immer in der direkten Art geschehen, wie in der Sowjetunion zu Lyssenkos Zeiten. Kürzungen im universitären Budget, die Streichungen von Professorenstellen, die Schließung von wissenschaftlichen Instituten und die Förderung anderer – das sind Momente einer politischen Praxis, die (heute wie in früheren Zeiten) die Wissenschaft steuern will.

Unabhängig von solchen Auswirkungen, wie sie die „Vererbungstheorie" im Dritten Reich hatte, war – und ist heute noch – die ganze Debatte um genetische *versus* soziale Komponenten im menschlichen Verhalten primär eine Ideologie-Debatte (vgl. z. B. Wuketits 1990a, 1992b, 1993b, 1995a, 1997). Sie ist ein Streit zwischen „Biologisten" und „Kulturisten" (Winkler 1986), der sich nicht als wissenschaftliche Kontroverse im engeren Sinn darstellen läßt, sondern maßgeblich von außerwissenschaftlichen Determinanten getragen wird. Ideologische Erwartungen spielen dabei eine wichtige Rolle. Wäre der Mensch ausschließlich genetisch determiniert, dann müßte man auf die Wirksamkeit der natürlichen Auslese hoffen oder künstliche Auslese betreiben, um Fortschritte in der Entwicklung der Menschheit zu erzielen. Wäre er aber nur sozial, durch Umwelteinflüsse determiniert, wie die Behavioristen glauben,[4] dann bräuchte man nur die „richtige Umwelt" zu schaffen, um den Menschen zu verbessern. Beides kann politisch sehr verlockend sein.

Die Ideologisierung der Erbanlage-Umwelt-Debatte ist aber gerade deshalb so unselig und peinlich, weil der Mensch nie unabhängig von seinen Erbanlagen leben kann und ebensowenig jemals im strikten Sinne ohne irgendwelche Außeneinflüsse lebt. Zumindest heute sollten wir daher die Unsinnigkeit dieser Debatte erkannt haben. Aber was wissenschaftlich unsinnig ist, kann ideologisch attraktiv bleiben. Nur vor diesem Hintergrund ist es daher verständlich, daß manchen biologischen Konzepten eine ideologische Tendenz *unterstellt* wird, auch wenn Vertreter solcher Konzepte keine, wie auch immer geartete, Ideologie anstreben. Ein Beispiel dafür sind manche Kritiken an der im vorigen Kapitel kurz beschriebenen Soziobiologie.

Müller-Hill (1981) sieht die Soziobiologie in einer Linie mit der Tier- und Blutmythologie des Sozialdarwinismus, Lewontin et al. (1984) verbinden die Soziobiologie mit Rassismus, Sexismus, „Recht des Stärkeren" usw. Bemerkenswerterweise sind beide, Müller-Hill und Lewontin, Genetiker. Aber Lewontin ist auch Marxist, und Müller-Hill vertritt den *historischen Materialismus*.[5] Liegt also nicht der Verdacht nahe, daß sie nicht nur wissenschaftliche, sondern eben auch – wenn nicht primär – außerwissenschaftliche, also ideologische Motive für ihre ablehnende Haltung der Soziobiologie gegenüber haben? Sicher ist dieser Verdacht berechtigt. Aber gerade darin liegt das Problem: Wenn der Ideologisierung einer wissenschaftlichen Disziplin eine andere Ideologie entgegengestellt wird, dann haben wir statt einer zwei Ideologien. Wie kann man sich vor diesem Dilemma schützen?

Nach den Erfahrungen aus der Geschichte ihrer Disziplin müßten sich Biologen heute dessen bewußt sein, daß ihre Aussagen, Theorien und Modelle leicht ins Fahrwasser von gefährlichen Ideologien geraten können. Leider gehört die Beschäftigung mit der Geschichte ihres Faches nicht zu den Hauptinteressen der meisten heutigen Biologen. Sie wird professionellen Wissenschaftshistorikern überlassen, die ihrerseits nicht allzu häufig in die Gehege der aktuellen biologischen Forschung eindringen. Zumindest aber müßte sich jeder Biologe vor Augen führen, daß seine Forschungsergebnisse ideologisch interpretiert werden können. Selbstverständlich mißt sich das Resultat einer wissenschaftlichen Untersuchung in bezug auf seinen „Erkenntniswert" nicht danach, ob es einer Ideologie in den Kram paßt oder nicht. Wissenschaft hat nicht die Aufgabe, Illusionen zu fördern und den Menschen frohe Botschaften zu verkünden. Im konkreten Fall der Soziobiologie muß man sich zudem noch vergegenwärtigen, daß viele ihrer Aussagen – für eine naturwissenschaftliche Disziplin ja nicht untypisch! – *Wahrscheinlichkeitsaussagen* sind. Ideologien aber arbeiten mit „absoluten Wahrheiten" und rechnen mit „letzten Gründen".

Gefährlich wird die Ideologisierung biologischer Forschung freilich besonders dann, wenn man sich von ihren Ergebnissen eine Änderung des Menschen verspricht. Dies ist besonders heute ein sehr brisantes Problem, da die Möglichkeiten einer genetischen Manipulation des Lebens beachtlich geworden sind.

10. Manipulation des Lebens: Chance oder Fluch?

> So spiegelt sich die Wandlung der großen geistigen Strömungen der Zeit in der Auffassung des einzelnen Forschungsgebiets. Das mahnt zur Vorsicht, nicht wieder zu rasch zu bauen.
>
> Hans Spemann

Im Anschluß an das 2. und 4. Kapitel des vorliegenden Buches können wir nochmals festhalten: Die Biologie stand nicht nur vor der Aufgabe, die einzelnen Formen des Lebens zu beschreiben und (theoretische) Erklärungen für einzelne Lebensprozesse zu finden, sondern sie griff auch ins Leben ein. Der Beginn der Pflanzen- und Tierzucht vor mehreren Jahrtausenden war der erste große Schritt, den der Mensch – noch ohne eine Biologie als Wissenschaft – im Sinne einer Manipulation des Lebens machte.

Biologen haben sich, ähnlich den Vertretern anderer Disziplinen, oft gern „neutral" gegeben, was ihre Forschungsvorhaben, ihre Untersuchungen und deren Resultate betrifft – neutral gegenüber möglichen Anwendungen der fraglichen Resultate. Das Bild des Wissenschaftlers im Elfenbeinturm, das einen bloß der „Wahrheit" verpflichteten Forscher zeigt, der frei ist von allen wissenschaftsexternen Einflüssen, ist zwar auch heute noch beliebt, beginnt aber zu zerfallen. Oeser (1988, S. 154) findet dafür recht eindrucksvolle Worte:

„Der leidenschaftslose, nur der Erforschung der Wahrheit hingegebene Wissenschaftler ist heute zu einer schlechten Karikatur geworden. Es ist die Figur des ‚schlauen Idioten', dem die Gesellschaft seit jeher die Reservation des ‚elfenbeinernen Turms' zugebilligt hat, um seine ‚wertfreien' Ideen besser ausbeuten zu können."

„Die Gesellschaft" war freilich immer in erster Linie an den *Anwendungen* wissenschaftlicher Erkenntnisse interessiert; schließlich soll Wissenschaft unser Leben erleichtern – und daß sie das getan hat, zeigen uns ja heute auf Schritt und Tritt die modernen Küchengeräte ebenso wie die Transportmittel zu Land, auf dem Wasser und in der Luft, die moderne Medizin mit ihrer Apparatur ebenso wie die Landwirtschaft, die mit Hilfe der chemischen Industrie ihre Erträge ständig steigern kann. Auch die Kehrseite dieser Entwicklung ist längst mit Händen zu greifen: Sie ist überdeutlich in der Kriegstechnologie sichtbar, in der Umweltverschmutzung und in der Vernichtung von Lebensräumen anderer Arten.

Aber ich will hier nicht zu weit ausschweifen. Sehen wir zunächst kurz, auf welche Weise sich der Blick ins Innere der Lebewesen (vgl. S. 26) in unserem Jahrhundert erweitert hat und welche Konsequenzen für eine mögliche Manipulation von Lebewesen daraus erwachsen.

Die beiden Disziplinen, die dabei in vorderster Linie stehen, sind *Genetik* und *Entwicklungsbiologie*.[1] Die Mechanismen der embryonalen Entwicklung der Lebewesen haben den Menschen natürlich schon immer fasziniert. Das allmähliche Herausbilden des „fertigen Organismus" gab genügend Anlaß, spezifische Vitalkräfte anzunehmen. Noch Driesch (1928) sprach von einer „Entelechie der Formbildung" (vgl. S. 16) und konnte sich der Annahme nicht verschließen, daß die Entwicklungsprozesse in ihrer Zweckmäßigkeit über das hinausgehen, was von der Biologie analytisch ergründet werden kann. Anders dachte Wilhelm Roux (1850–1924), der neue experimentelle Methoden entwickelte, um den Prozeß der Ontogenese kausal zu erfassen. Roux wendete verschiedene physiologische Methoden an, um diejenigen Faktoren nachweisen, die die Entwicklungsprozesse determinieren. Unter Verwendung von verschiedenen Giften, mechanischen und elektrischen Reizen manipulierte er Froscheier. Durch „Anstich" befruchteter Eier in verschiedenen Entwicklungsstadien erhielt er von halbierten Keimen nur halbe Embryonen. Damit wurde Roux zum Begründer der experimentellen Entwicklungsphysiologie bzw. *Entwicklungsmechanik*, wobei der Ausdruck „Mechanik" schon die Geisteshaltung anzeigt, die seinen Experimenten zugrunde lag.

Im Anschluß an Roux wurden viele entwicklungsphysiologische Experimente durchgeführt, die zeigten, welche Faktoren bei der Ontogenese maßgeblich sind. Eines dieser Experimente beschrieb Hans Spemann (1869–1941), der die methodischen Ansätze von Roux konsequent weiterführte, in seiner Rektoratsrede im Jahr 1923 mit folgenden Worten:

„Mittels geeigneter Methoden lassen sich aus jungen Amphibienkeimen kleine Stückchen ausschneiden und in anderen Keimen an beliebigen Stellen zur Einheilung bringen. So kann man zum Beispiel aus der [...] allerfrühesten Anlage von Gehirn und Rückenmark ein Stück entnehmen, welches später etwa zu Netzhaut und Pigmentepithel des Auges geworden wäre, und kann es einem anderen Keim in die Haut der Seite einfügen. Man findet dann, daß es in der neuen Umgebung an seiner einmal eingeschlagenen Entwicklungsrichtung festhält, daß es [...] von der Haut überwachsen wird und sich unter ihr zu dem weiter entwickelt, zu was es auch normalerweise geworden wäre, nämlich zu einem kleinen Auge mit Netzhaut und Pigmentepithel. Dieses liegt dann also im Rumpf des Tieres unter der Haut, ohne Verbindung mit dem Gehirn, ohne jeden Sinn und Zweck für seinen Besitzer, blindlings in der einmal eingeschlagenen Richtung weiterentwickelt" (vgl. Spemann 1943, S. 309f.).

Das erinnert schon ein wenig an Frankensteins Monster. Es geht wohl ein besonderer Reiz von solchen Experimenten aus, mit denen man gewaltsam in die Natur eindringt und z. B. Entwicklungsprozessen eine ganz bestimmte Richtung gibt. Die älteren Entwicklungsphysiologen waren sich aber der Tragweite ihrer Methoden und Forschungsansätze offenbar bewußt und erkannten, wie ein Zitat von Roux recht schön zeigt, die ethische Dimension dieser Ansätze:

„Daher versenkte ich, zum ersten Mal im Frühjahr 1882, nicht ohne ein geheimes Bangen, die Spitze der Präpariernadel in das seine Furchung beginnende Ei und betrat damit einen neuen Weg der Forschung [...]. Ich war mir der Rohheit dieses Eingriffs in die geheimnisvolle Werkstätte aller Kräfte des Lebens wohl bewußt und verglich ihn selbst mit dem Einwurf einer Bombe in eine neue gegründete Fabrik" (zit. nach Bachmann 1972, S. 96).

Ganz zweifelsfrei wurde mit den Methoden von Roux, Spemann und anderen Embryologen bzw. Entwicklungsphysiologen der Biologie eine neue Dimension erschlossen. Aus den Experimenten wurde nicht nur erkennbar, wie die Ontogenese abläuft, sondern auch, wie man sie abändern und praktisch in jede gewünschte Richtung manipulieren kann. Je tiefer die Biologie in die „innere Welt" der Organismen eindrang, um so größer wurden die Möglichkeiten dieser Manipulation auch in qualitativer Hinsicht. Im 20. Jahrhundert ist die Biologie schließlich zu den kleinsten Bausteinen des Lebens vorgedrungen, zu den Molekülen, und konnte die molekularen Mechanismen der Vererbung ergründen. Damit wurde die Genetik in sachlicher und methodischer Hinsicht ungemein erweitert. Innerhalb nur weniger Jahrzehnte hat sich die *Molekularbiologie* (bzw. Molekulargenetik) zu einer überaus imposanten Disziplin entwickelt (vgl. Hausmann 1995). Man muß dazu sagen: auch zu einer äußerst mächtigen Disziplin. Das geht so weit, daß viele Biologen heute scheinbar vergessen haben, daß ihr Gegenstand *Lebewesen* sind.

Hier ist auf eine höchst bemerkenswerte Asymmetrie hinzuweisen, die zumindest all jenen auffallen muß, die sich noch mit *Lebewesen* beschäftigen und die alte Weisheit, daß das Ganze stets mehr als die Summe seiner Teile ist, nicht aus den Augen verloren haben: Während wir nämlich die molekularen Grundlagen der Vererbung und Entwicklung sehr gut kennen und ungeheure Möglichkeiten der Manipulation der Lebewesen ersonnen haben, tappen wir noch immer im Dunkeln, wenn wir die Zahl der rezenten Organismenarten angeben sollen. Schätzungen belaufen sich auf zehn bis zwanzig Millionen und mehr; die Zahl der bekannten und beschriebenen Arten liegt mit etwa anderthalb Millionen jedenfalls um ein vielfaches tiefer. Zugleich werden täglich ein bis drei Arten (vielleicht sogar mehr) ausgerottet oder sterben aus, weil ihr Lebensraum vernichtet wurde, so daß die Zukunft sehr düster aussieht (vgl. Wuketits 1996, Engelhardt 1997). Erst in neuerer Zeit beginnt man wieder einzusehen, daß die klassischen Disziplinen der Biologie, vor allem Systematik und Anatomie, keineswegs obsolet sind und daß für die Systematiker noch ungeheuer viel zu tun bleibt, wenn sie der tatsächlichen Artenfülle auf unserem Planeten gerecht werden wollen. Allerdings müssen sie sich in Anbetracht der hohen Aussterbensraten sehr beeilen. Es ist nicht nur ein Problem des Zeitgeistes, sondern auch eines des Selbstverständnisses der Biologie als Wissenschaft, was uns der Artenreichtum auf der Erde, was uns die ungeheure biologische Vielfalt letztlich bedeutet. Wilson (1995) hat dazu ein faszinierendes Buch vorgelegt, welches, ohne jede Naturromantik, die Bedeutung des Artenschutzes eindringlich nahelegt und verdeutlicht, daß der organismische, ganzheitliche Ansatz in der Biologie nicht von der Molekularbiologie verdrängt werden darf. Zum ersten Mal in der Geschichte der Biologie liegt heute eine Situation vor, in der die *Zukunft der Lebewesen* nicht unmaßgeblich von der Biologie selbst abhängt, d. h. davon, welches Verständnis Biologen von ihrer eigenen Wissenschaft und von ihrem Forschungsgegenstand entwickeln.

Manipulation des Lebens: Chance oder Fluch?

Das Schaf „Dolly", das vor kurzem die Titelseiten aller Zeitschriften und Magazine schmückte und so zum Aushängeschild der Macht der heutigen Biologie wurde, sollte nicht darüber hinwegtäuschen, daß Biologen massiv ins Leben eingreifen können, ohne aber dessen tatsächliche Fülle schon zu kennen. Zugleich ist dieses *klonierte* Schaf die logische Konsequenz intensiver gentechnischer Forschungen, die sich sachlich und historisch an die alte Entwicklungsmechanik anschließen. Bereits in den sechziger Jahren wurden erfolgreich Frösche, also schon sehr komplexe Tiere, kloniert.[2] Dabei wurden Zellen der Darmschleimhaut vollentwickelter Frösche der Species *Xenopus laevis* in entkernte Eier transplantiert; der Zellkern einer unbefruchteten Eizelle war durch UV-Bestrahlung zerstört worden und damit vorbereitet für die Aufnahme des Kerns einer differenzierten Darmzelle. Das Ergebnis daraus waren zwei normale und vollentwickelte Tiere.

In ihrem – auch schon zum Klassiker avancierten – Lehrbuch *Klassische und molekulare Genetik* stellten Bresch und Hausmann (1972, S. 317) folgendes dazu fest: „Man ist also in der Lage, experimentell eineiige ‚Zwillinge' zu erzeugen, von denen der eine eine Generation älter ist als der andere." Und in Parenthese bemerkten die Autoren: „Dieses Experiment gelingt natürlich noch nicht mit menschlichen Zellkernen! Soll man hoffen oder fürchten, daß es eines Tages möglich wird?" (In einer Fußnote merken sie an, daß dies wahrscheinlich ein Tag unseres Jahrhunderts sein wird.) Nun, inzwischen ist dies praktisch schon möglich geworden.

Eines der ehrgeizigsten biologischen Forschungsprojekte aller Zeiten läuft seit einigen Jahren unter der Bezeichnung *Human Genome Project* und setzt sich zum Ziel, *alle* Gene des Menschen zu lokalisieren, zu beschreiben und zu kartieren, also eine vollständige Landkarte unseres Genoms zu erstellen (zur Übersicht siehe Bishop und Waldholz 1990; zu einigen ethisch relevanten Problemen vgl. z. B. Vicedo 1994).[3] Die ironische Kommentierung dieses Projekts von Hausmann (1995, S. 206), die hier wiedergegeben werden soll, wirft einiges Licht auf soziale und politische Aspekte:

„Tatsächlich bot sich die Sequenzierung des menschlichen Genoms an als ein symbolisches, großartiges Programm [...]. Vergessen die wissenschaftliche Objektivität, vergessen die Kosten-Nutzen-Analysen unter Miteinbeziehung von Alternativen. Denn über 5 Milliarden Dollar sind zu vergeben, zu verbrauchen. Macht, nationales Prestige,

Befriedigung von Ehrgeiz und vielleicht auch von echtem Wissensdurst waren und sind auf dem Spiel. Die Interessen verschiedener Parteien ergänzten und stützten sich gegenseitig ab. Es bildete sich – wieder einmal – eine heilige Allianz von Wissenschaft und Politik."

Nun wird man, auch unabhängig von den politischen und ökonomischen Interessen, die dieses Projekt begleiteten, der Kenntnis des menschlichen Genoms sicher ihre wissenschaftliche Bedeutung nicht absprechen können. Man könnte auch sagen: Es ist einfach beeindruckend, zu wissen, wie der Mensch genetisch organisiert ist. Dagegen ist kaum etwas einzuwenden. Aber wenn wir einmal alle Gene kennen, ihre Zusammenhänge mit anderen Genen verstanden haben und wissen, welche Merkmale oder Verhaltenseigenschaften von welchen genetischen Konstellationen abhängen – welche Konsequenzen wollen wir dann daraus ziehen? Dazu nochmals Hausmann (1995, S. 209):

„Wenn sich dann anhand genetischer Profile schon in Föten die Anfälligkeit für spätere Erkrankungen abschätzen läßt? Diabetes, Kreislaufstörungen, Krebs [...], eine Glatze schon mit 40? Wird man potentiell Benachteiligte ausgrenzen, diskriminieren, z. B. in Arbeitsverträgen und Versicherungen, kurzweg einfach abtreiben, um diese Probleme gar nicht erst aufkommen zu lassen? Kommt der ‚eugenische Abtreibungsboom' [...], die gesundheitspolitische Prophylaxe-Diktatur [...], ausgeübt durch die gesellschaftliche Erwartungshaltung, gar von seiten der Regierung?"

Diese Fragen sind sehr ernst. Sie sind grundsätzlich nicht neu, denn was man aus bestimmten Erkenntnissen *macht*, war in den Naturwissenschaften immer wieder das Problem. Eine Antwort darauf war die Atombombe ...

Der Mißbrauch wissenschaftlicher Erkenntnisse ist durch die Geschichte und Gegenwart hinreichend belegt. Mit Recht weist Müller-Hill (1991) auf den Mißbrauch der Biologie in totalitären Regimen hin und meint, daß wir aus dem Nationalsozialismus unsere Lehren gezogen haben sollten. Die Gefahr eines erneuten Mißbrauchs der Genetik ist in unserer politisch so instabilen Welt leider nach wie vor gegeben und Genetiker sollten in der Tat einige Kapitel der neueren Geschichte sehr genau studieren (siehe auch Wuketits 1993a).

Es wäre naiv zu glauben, daß die heutige Genetik bzw. Gentechnik[4] ausschließlich von *Erkenntnisinteressen* motiviert wird. Die auf die Antike zurückgehende – und in fast allen Kapiteln unserer Kultur- und Sozialgeschichte anzutreffende – Idee bzw. Ideologie vom *planbaren Menschen* (vgl. Wuketits 1993b) ist in diesem Zusammenhang nicht zu leugnen. Und die alte Frage bleibt uns erhalten: *Wer* entscheidet über das „Gute" und das „Böse"? Wenn es nun möglich wäre, bestimmte Neigungen eines Menschen in frühen Stadien seiner Embryonalentwicklung zu erkennen – wie soll man damit umgehen? Welche Neigungen akzeptieren wir überhaupt? Und wer bestimmt, was akzeptabel ist? Man verstehe das nicht falsch – aber die *laissez-faire*-Vorstellungen des Liberalismus im 19. Jahrhundert waren noch um einiges humaner als die von einer Regierung verordnete genetische „Gleichschaltung" der Menschen wäre. Überdies sollten wir aus der Evolution, verstanden im Sinne Darwins, gelernt haben, daß *genetische Vielfalt* für die erfolgreiche Anpassung unverzichtbar ist. Da sich unsere Umwelt immer – sei es durch unser eigenes Zutun oder auch von selbst – ändern wird, wird die genetische Variabilität des Menschen auch in Zukunft eine wesentliche Ressource bleiben (vgl. Carson 1993).

Es ist trivial, daß die gentechnische Forschung unserer Tage neue Chancen z. B. für die Medizin liefert. Wenn sich eine Erbkrankheit früh erkennen und beseitigen läßt, dann wird man Argumente gegen eine Forschung, die solche Möglichkeiten öffnet, kaum ernsthaft vorbringen können. Aber wird das Risiko, das eine *gentherapeutische* Behandlung von Erbkrankheiten möglicherweise mit sich bringt, auch erkannt? Selbst einer der führenden „Betreiber" des *Human Genome Project*, Dulbecco (1991, S.191), meint dazu: „Das Hauptproblem bei der Behandlung von Erbkrankheiten mittels Gentherapie ist die Bewertung und Akzeptanz von Risiken, die jeder neue therapeutische Prozeß unvermeidlich mit sich bringt."

Ähnliches gilt für die Anwendung der Gentechnik in der Landwirtschaft. Effiziente Nahrungsmittelproduktion wird wahrscheinlich von niemandem ernsthaft abgelehnt. Andererseits ist es paradox, daß wir die bestehenden Ressourcen, die uns die Natur mit unzähligen Organismenarten zur Verfügung gestellt hat, nicht wirklich sinnvoll nutzen und in rasendem Tempo Arten vernichten, indem wir ihren Lebensraum immer mehr einschränken – daß wir, kurz gesagt, den Wert der Vielfalt nicht begriffen haben (vgl. Wilson 1995). Statt dessen verlassen wir uns darauf, durch künstliche Eingriffe in die Natur das Ernährungsproblem zu lösen. Die Risiken einer verstärkt auf gentechnisch produzierte Nahrungsmittel ausgerichteten Landwirtschaft kennen wir nicht. Ihre ökologischen Konsequenzen sind, derzeit jedenfalls, nicht absehbar.

Mohr (1995, S. 150) ist beizupflichten, daß „die Pflanzenzüchter jahrtausendelange Erfahrungen im Umgang mit genetisch veränderten Pflanzen und ihrer sicheren Einführung in die Umwelt" haben. Erkennen muß man aber auch, daß der Mensch schon lange vor der Entwicklung der Gentechnik immer wieder Organismenarten in Lebensräumen eingeschleust hat, wo sie zuvor nicht lebten. Das Ergebnis war nicht selten auch eine ökologische Katastrophe mittleren Ausmaßes. Ferner führen landwirtschaftliche Monokulturen im Zusammenhang mit der Planierung von Landschaften und der Trockenlegung von Sümpfen, Teichen usw. zu einer Bodenerosion, die sich letztlich auf den Agrarbau selbst negativ auswirkt. Schließlich sind die Ergebnisse unserer Tier- und Pflanzenzucht häufig „überzüchtete" Rassen, die kaum noch lebensfähig sind. Wie gut sich also gentechnisch stark veränderte Pflanzen oder auch Tiere sozusagen halten können, wissen wir nicht. Die in der Natur existierenden Pflanzen- und Tierarten haben immerhin schon lange „evolutive Probezeiten" hinter sich. Gentechnisch veränderte Mais- oder Rindersorten haben die „evolutiven Tests" bei weitem noch nicht bestanden, sie sind zu diesen Tests noch nicht einmal angetreten. Wir Menschen versagen fortgesetzt in der Abschätzung der möglichen Folgen unseres Tuns und können jedenfalls nie sicher sein, daß jede neue Erfindung bzw. Methode in Zukunft zu einer tatsächlichen Verbesserung unserer Situation beitragen wird.

Sicher ist es falsch, die Gentechnik zu verteufeln und pauschal abzulehnen. Die fundamentalistische Antipropaganda, die in manchen Medien im Hinblick auf die Gentechnik betrieben wird, ist gefährlich. Die Gentechnik *kann*, wie gesagt, beispielsweise in der Medizin sehr viel Positives bewirken. Das Problem liegt nur darin, ob sie immer mit der nötigen Umsicht angewendet werden und immer in die richtigen Hände kommen wird. Die unselige Verbindung von Biologie und Ideologie (vgl. 9. Kapitel) hat bislang zumindest einmal zu Konsequenzen geführt, die – angeblich – niemand wollte. Die Biologen haben derzeit auf bestimmten Gebieten ihrer Forschung mehr Verantwortung zu tragen als je zuvor. Zwar wäre es unfair und ungerechtfertigt, sie für *alle* Konsequenzen verantwortlich zu machen, die vielleicht einmal aus der Anwendung der Gentechnik erwachsen werden. Aber kein Biologe, der heute auf so heiklen Gebieten wie der Gentechnik arbeitet, kann sich achselzuckend auf die Position des leidenschaftslosen, nur der Erforschung der Wahrheit hingegebenen Wissenschaftlers zurückziehen, der nicht mitzubekommen braucht, welche sozialen bzw. politischen Kräfte seine Forschungsresultate mißbrauchen.

Damit ist die Biologie heute abermals in einer Situation, die in vieler Hinsicht die kritische Selbstreflexion dieser Wissenschaft herausfordert. Es geht um die tiefgreifende Einsicht, daß diese Wissenschaft nicht nur das Leben zu verstehen sucht – und mit diesem Bemühen schon beachtliche Erfolge hatte –, sondern auch ins Leben *eingreift*, auf eine immer intensivere Art und Weise, was zu Konsequenzen führen *kann*, die wiederum niemand will.

Schlußbetrachtung:
Welche Geister die Biologie rief

> Man muß messen, was meßbar ist, und was nicht meßbar ist, meßbar machen.
> Galileo Galilei

Dieses Buch versteht sich, wie einleitend (auf S. 5) gesagt wurde, als Einladung, sich mit den engen Verbindungen zwischen der Biologie und dem gesellschaftlichen bzw. kulturellen Leben zu beschäftigen. Aus der immensen Fülle der Aspekte, die hierbei von einiger Bedeutung sind, wurden die markantesten herausgegriffen, in der Hoffnung, dem Leser zumindest einige der Linien zu zeigen, die die Verbindung von Biologiegeschichte und Kulturgeschichte deutlich machen. Wir haben mehrfach hervorgehoben, daß sich der Mensch nicht damit begnügt, die Natur zu beschreiben und ihre Phänomene kausal zu erklären, sondern daß Erkenntnis und Anwendung dicht nebeneinander liegen. Dies zeigt sich in der Entwicklung der biologischen Forschung besonders deutlich.

Die Biologie hat im Laufe ihrer Geschichte geholfen, dem Menschen die Furcht vor den Göttern zu nehmen – was schon den Philosophen in der griechischen Antike vorschwebte –, und hat schließlich, mit Darwins Evolutionstheorie im 19. Jahrhundert, auch den Menschen vom Thron gestoßen. Sie gab aber dem Menschen auch neue Möglichkeiten in die Hand, die Natur, die Lebewesen, zu manipulieren. Der Wunsch, die Natur, das Leben zu verändern, ist keine Ausgeburt von Biologen, sondern liegt tief in der Psyche des Menschen.

Lange Zeit glaubte der Mensch an allerlei Fabelwesen – im 1. Kapitel war davon die Rede –, doch die Biologie hat ihn belehrt, daß es solche Wesen nicht gibt. Das war vielleicht gar nicht so erfreulich, so daß die Biologie neue Geister rief: durch die Möglichkeiten der Gentechnologie, die ein altes Bedürfnis befriedigen. Hausmann (1995, S. 174) schreibt dazu treffend folgendes:

Schlußbetrachtung: Welche Geister die Biologie rief

„Wie wichtig die vermeintliche Existenz von schrecklichen Fabelwesen zur Befriedigung eines echten Bedürfnisses der menschlichen Seele ist, geht aus der Literatur früherer Jahrhunderte hervor – ja auch der Gegenwart, man denke z. B. an Dracula, Schneemensch und Zombies. Die Wissenschaft hat aber der Menschheit den Glauben an Gnome, Riesen, Drachen und Monster genommen; sie soll nun gefälligst für Ersatz sorgen! Und das tut sie auch mittels der Gentechnologie, die dadurch einen ihrer wichtigsten Zwecke erfüllt: sie bietet uns die Gelegenheit zur sadomasochistischen Freude an Phantastereien über das Ungeheuerliche, das auf die Menschheit zukommt."

Man mag das für eine Übertreibung halten, aber so falsch sind diese Überlegungen nicht. Eine Wissenschaft „jenseits von Ideologien und Wunschdenken" (Eigen 1988) wäre zwar ein wichtiges Desiderat, ist aber für die meisten Menschen wahrscheinlich nicht so attraktiv wie eine Wissenschaft, die Bedürfnisse befriedigt, emotionale und nicht nur kognitive Bedürfnisse. Gleichzeitig werden wir immer wieder an die Grenzen unserer Erkenntnisfähigkeit und die Grenzen der Wissenschaft erinnert, die auf verschiedenen Ebenen diskutiert werden können (vgl. z. B. Reutterer 1990, Wuketits 1992a), doch sind wir ebenso davon fasziniert, diese Grenzen zu überschreiten. Unserer Imagination, unseren Tagträumen sind in der Tat kaum Grenzen gesetzt. Aber wir projizieren diese Imaginationen und Tagträume auch in die Wissenschaft, heute vor allem in die Biologie, und dürfen uns nicht wundern, wenn manche von ihnen – dank der raschen Entwicklung der „biologischen Technik" – sehr bald schon Wirklichkeit werden.

Die Geister, die die Biologie rief, sind nicht nur „gute Geister". Wir dürfen die Augen vor der Tatsache nicht schließen, daß die Naturwissenschaften immer wieder im ethischen Bereich gescheitert sind und daß daher auch die Biologie mit ihren gentechnologischen Forschungsprojekten in diesem Bereich ebenso scheitern wird. Das klingt fatalistisch und man mag mir entgegenhalten, daß ja heute längst Ethik-Kommissionen über die Anwendung gentechnischer Forschung mitbestimmen, daß Ethiker den Lauf der Dinge sozusagen überwachen. Man täusche sich aber nicht. Nie in der Menschheitsgeschichte sind Neuerungen, die man für wichtig hielt, aus ethischen Gründen verhindert worden. Allenfalls hat man *im nachhinein* moralische Skrupel über das bereits Geschehene geäußert.

Nüchtern besehen ist also die Frage, mit der wir zu kämpfen haben, nicht, ob die von der Biologie gerufenen Geister gute oder böse sind. Die Frage ist bloß, wie wir mit diesen Geistern umgehen, wie wir mit ihnen leben werden, ob wir ihnen erlauben werden, unser Leben zu verändern – wobei wir dann wiederum darüber entscheiden müssen, was *für uns* gut und schlecht ist.

Die Biologie und ihre Geschichte spiegeln in mancher Hinsicht unsere Erwartungen, Hoffnungen, Wünsche und Befürchtungen. Nun aber kann die Biologie letzten Endes ganz neue Erwartungen, Hoffnungen etc. wecken, die, wenn sie realisiert werden, vielleicht zu katastrophalen Ereignissen führen, die niemand will. Aber wir Menschen haben in unserer Geschichte so manches nicht gewollt …

Anmerkungen

Einleitung

[1] Den Begriff „Biologie" haben zu Beginn des 19. Jahrhunderts Karl F. Burdach (1776–1847), Jean Baptiste de Lamarck (1744–1829), Lorenz Oken (1779–1851) und Gottfried R. Treviranus (1776–1837) ziemlich gleichzeitig und unabhängig voneinander geprägt (vgl. Baron 1967, Jacob 1972, Schmid 1935, Wuketits 1978, 1983). Der Begriff bezeichnet die *Gesamtwissenschaft* vom Leben. Zuvor waren Pflanzen und Tiere unabhängig voneinander studiert, Botanik und Zoologie daher unabhängig voneinander betrieben worden.

[2] Geburts- und Sterbedatum Leukipps sind nicht bekannt; er lebte im 5. vorchristlichen Jahrhundert und gilt als Lehrer Demokrits und als eigentlicher Begründer des *Atomismus*, also jener Lehre, wonach alle Dinge aus selbständigen Elementen („Atomen") bestehen und alle Geschehnisse in der Welt auf der Vereinigung, Trennung und Verlagerung dieser Elemente beruhen (Details dazu finden sich etwa bei Jürß et al. 1991).

1. Kapitel

[1] Hier ist zu bemerken, daß ursprünglich, in der Antike und auch noch später, zwischen Philosophie und Naturforschung keine Trennlinie gezogen war. *Philosophie* war jede systematische Beschäftigung mit Naturphänomenen. Noch Lamarck nannte sein evolutionstheoretisches Hauptwerk *Philosophie zoologique* und folgte damit dem auf Aristoteles zurückgehenden Sprachgebrauch in der Wissenschaftskonzeption. Philosophie und theoretische Wissenschaft stimmten also weitgehend überein (vgl. Kambartel 1968, Oeser 1996).

[2] Eine (bald komplette) Neuausgabe aller 37 Bücher erscheint derzeit (seit 1973) in lateinischer und deutscher Sprache bei der Wissenschaftlichen Buchgesellschaft, Darmstadt.

[3] „Buntschriftstellerei" ist ein Ausdruck, der in der Literaturwissenschaft gegen Ende des 19. Jahrhunderts geprägt wurde und literarische Sammelschriften bezeichnet, die einfach alles Wissenswerte einer bestimmten Epoche

in bunter Folge ausbreiten. Solche Sammelschriften sind nicht nur für die Antike, sondern auch noch für neuzeitliche Autoren charakteristisch. Sie vermengen persönliche Auffassungen mit „objektiven" Berichten über „Gott und die Welt" und sind in der heutigen Verlagslandschaft – eigentlich schade – kaum noch erwünscht (andererseits sind die „Buntschriftsteller" ihrerseits schon fast ausgestorben).

⁴ Demokrit etwa hatte alle Organismen aus feuchtem Erdschlamm entstehen lassen und das Leben auf die „Feueratome" beschränkt. Demnach gestalten sich die Organismen selbst aus den sich zufällig zusammenfindenden Atomen.

2. Kapitel

¹ Die Domestikation verschiedener Tierarten verlief in den verschiedenen Regionen der Erde in unterschiedlichen Zeiträumen mit unterschiedlicher Geschwindigkeit. Welche Tier- (und Pflanzenart) in welchem Maße domestiziert wird, hängt von verschiedenen ökologischen und ökonomischen Faktoren ab. Zu unterscheiden ist auch zwischen der bloßen *Nutzung* in der Natur vorkommender Arten und ihrer gezielten *Züchtung*. So geht die Nutzung der Fische, der Fischfang, auf prähistorische Zeiten zurück, während Fische als *Haustiere* erst in der Neuzeit gehalten und gezüchtet werden. (Eine umfangreiche Darstellung zum Thema Haustiere geben Herre und Röhrs 1990.)

² Das erste Elektronenmikroskop, vom deutschen Ingenieur Ernst August Friedrich Ruska (1906–1988) im Jahr 1932 gebaut, konnte 400fach vergrößern. Seit 1970 sind sog. Raster-Elektronenmikroskope in Verwendung, die eine dreidimensionale Abbildung von Objekten liefern und eine maximal zweimillionenfache Vergrößerung erlauben. Die Elektronenmikroskopie ist heute ein Spezialfach der biologischen Methodik.

3. Kapitel

¹ Der Ausdruck „Wurm" hat heute nach wie vor einen sehr negativen Beigeschmack. Zoologisch ist dieser Ausdruck unbrauchbar. Früher wurden mit „Würmern" (*Vermes*) alle wurmartigen Tiere zu einem Stamm zusammengefaßt. Beispielsweise sprach Haeckel (1902, Band 2) vom Stamm der „Wurmthiere" (*Helminthes* oder *Vermalia*) und faßte damit eine ganze Reihe von, wie man heute weiß, nur teilweise näher verwandten Tiergruppen zusammen.

² Die Professur für Wirbeltiere erhielt Etienne Geoffroy Saint-Hilaire (1772–1844), der die *Teratologie* (Lehre von den Mißbildungen) wissenschaftlich begründete.

³ Morphologie im allgemeinen liefert die theoretische Grundlegung und Prinzipienlehre der Anatomie bzw. Strukturforschung. Sie ist ein integrierender Bestandteil der *vergleichenden Biologie* (vgl. z. B. Osche 1975, Wuketits 1983). Die idealistische Morphologie wurde auch noch im 20. Jahrhundert vertreten, z. b. durch den Botaniker Wilhelm Troll (1897–1978), gilt aber heute als im wesentlichen obsolet.

⁴ Systematik kann man definieren als „die Theorie und Praxis in der Aufdeckung und Wiedergabe der Ordnung in der lebenden Natur, die auf dem materiellen Zusammenhang aller Lebwesen in der Zeit beruht" (Ax 1988, S. 2). Mit Taxonomie ist dieselbe Disziplin gemeint, vielleicht mit stärkerer Akzentsetzung auf die Praxis des Klassifizierens.

⁵ Künstlich-diagnostische Systeme beruhen auf der mehr oder weniger willkürlichen Auswahl von Merkmalen, nach denen die Organismen klassifiziert werden. Viele solcher Systeme sind möglich und wurden auch in der Geschichte recht vielfältig entwickelt. Hingegen kann es nur *ein* natürliches System geben, welches eben die reale Anordnung bzw. Verwandtschaft der Lebewesen reflektiert.

⁶ Der Erfolg der physikalischen Wissenschaften führte dazu, daß viele Biologen eine physikalische Behandlung der Lebewesen favorisierten (siehe nächstes Kapitel).

⁷ Zeitgleich mit Pallas begründete auch der französische Botaniker Antoine N. Duchesne (1747–1827) die Idee eines *abre généalogique*, also die Form des Stammbaums zur Veranschaulichung realer Zusammenhänge in der Natur.

4. Kapitel

¹ Dabei ist nicht zuletzt an Keplers „Planetengesetze" zu denken.

² Gemeint ist damit die *Biochemie*, die sich als Wissenschaft von den chemischen Grundlagen des Lebens und als Verbindungsdisziplin von Biologie und Chemie im 20. Jahrhundert besonders rasant entwickelt hat.

³ Ludwig Büchner (1824–1899), Arzt und Schriftsteller, war einer der populärsten Vertreter materialistischen Denkens im 19. Jahrhundert. Wie seine hier zitierte Schrift zeigt, hat er sich nicht zuletzt um eine Einordnung der Theorie Darwins in den Materialismus bemüht.

⁴ Allerdings blieb Descartes, obwohl er von Harveys Entdeckung wußte, weiterhin ein Anhänger der Vorstellung von animalischen Geistern, von denen er glaubte, daß sie wie ein Windhauch sind.

5. Kapitel

[1] Die gemeinhin als Aufklärung bezeichnete historische Epoche verlief in verschiedenen Ländern mit unterschiedlicher Intensität und zeitlich nicht exakt aufeinander abgestimmtem Verlauf. Das hängt mit den unterschiedlichen Denktraditionen und sozialen Umständen zusammen. Auch ist strittig, wer im einzelnen als „Aufklärer" zu bezeichnen ist. Wenn Brockdorff (1926) z. B. Leibniz als einen Aufklärer würdigte, dann ist das schon einmal eine Frage der Perspektive.

[2] Nur beispielsweise seien hier Georges Louis Leclerc de Buffon (vgl. S. 29) und Robert Chambers (1802–1871) erwähnt. Details dazu und zu vielen anderen Personen auf dem Weg zur Evolutionstheorie im engeren Sinn findet man z. B. bei Bowler (1988), Glass et al. (1959) und Zimmermann (1953).

[3] Wenn hier und in der Folge von *der* Evolutionstheorie gesprochen wird, dann aus Gründen der Einfachheit. Da viele Evolutionstheoretiker – bis heute – hinsichtlich der Abläufe und Mechanismen der Evolution unterschiedliche Auffassungen vertreten, müßte man strenggenommen immer von Evolutions*theorien* reden (vgl. Wuketits 1988).

[4] Eine kritische Würdigung gab z. B. Schwarze (1909).

[5] Gedanken dieser Art finden sich allerdings schon früher. Siehe dazu das umfangreiche Buch von Stangeland (1966).

[6] Georges de Cuvier (1769–1832), der als Begründer der Paläontologie und Anatomie gilt, vertrat eine *Katastrophentheorie*, der zufolge in den einzelnen Perioden der Erdgeschichte die Lebewesen vernichtet und danach (nach neuen Bauplänen) geschaffen worden sind. Diese Theorie vertritt heute natürlich niemand mehr. Allerdings regt sich in neuerer Zeit auch Widerstand gegen den Gradualismus. Namentlich vertreten die Anhänger des *Punktualismus*, der „Lehre von den unterbrochenen Gleichgewichten" (*punctuated equilibria*), die Auffassung, daß es in der Evolution nach Phasen der Stagnation immer wieder zu *Evolutionsschüben*, also Phasen der relativ schnellen evolutiven Veränderung kommt (zur Übersicht siehe Gould 1989).

6. Kapitel

[1] Schon die Bezeichnung „*Menschen*affen" macht deutlich, daß diesen Tieren ihre Nähe zum Menschen nachgesagt wird; selbst Leute, die mit Abstammungslehre und Evolution nichts zu tun haben wollen, finden diese Bezeichnung offenbar in Ordnung.

[2] Danach wird jede Pflanzen- und Tierart mit zwei lateinischen Namen charakterisiert, von denen der erste die Gattung, der zweite die Spezies benennt, z. B. *Canis lupus* (Wolf).

³ Nach heutiger Auffassung haben die Hominiden ein stammesgeschichtliches Alter von 4 bis 5 Jahrmillionen.

⁴ Romanes war nicht nur ein großer Verehrer Darwins und seiner Lehre; er war auch in gewisser Weise sein einziger Schüler („Schüler" freilich nicht im engeren Sinn, weil Darwin nie ein Lehramt bekleidete) und stand mit seinem Mentor in regem Gedankenaustausch (vgl. Schwartz 1996).

⁵ Virchow zählte auch zu jenen, die im Skelett des Neandertalers keinen anderen Menschentypus, sondern bloß einen etwas von der „Norm" abweichenden rezenten Menschen sahen.

7. Kapitel

¹ Haeckel begründete die Ökologie als „Lehre vom Haushalt der Natur" und legte damit eine noch heute gültige Betrachtungsweise der Natur fest (vgl. Müller 1985). Mit „systematischer Stammesgeschichtsforschung" ist die Untersuchung der phylogenetischen Beziehungen zwischen den verschiedenen Organismengruppen (Gattungen, Familien, Ordnungen, Klassen und Stämme) gemeint; Haeckel hat vor allem vom Modell des *Stammbaums* reichlich Gebrauch gemacht und versucht, auf diese Weise jene Beziehungen zu erhellen.

² Die Phrenologie oder Kranioskopie hatte im 19. Jahrhundert insbesondere unter dem Einfluß der Arbeiten des Wiener Anatomen Franz Joseph Gall (1758–1828) an Bedeutung gewonnen. Gall war davon ausgegangen, daß das Gehirn aus einer größeren Zahl unabhängiger Einzelorgane besteht, die sich auch an entsprechenden Erhabenheiten des Schädels zeigen und für jeweils spezifische psychische Eigenschaften zuständig sind. So wurde aus der äußeren Form des Schädels auf psychische Eigenschaften und „Sinne" (wie Freundschaftssinn, Kunstsinn, Nachahmungssinn, Mordsinn usw.) geschlossen. Ausgehend von Gall wurde die Kranioskopie im 19. Jahrhundert eine „wahre Modekrankheit" (vgl. Meyer-Steineg und Sudhoff 1965).

³ Karl Kraus (1874–1936), österreichischer Literat, Herausgeber der *Fackel*, einer satirischen Zeitschrift, deren letzte Nummer im Februar 1936 erschien, war ein unermüdlicher Kritiker des „Zeitgeistes". Er ist aus der österreichischen Literatur des späten 19. und frühen 20. Jahrhunderts nicht wegzudenken.

⁴ Korrekterweise muß hier festgehalten werden, daß auch in der Biologie die Grundidee der biogenetischen Regel in der Zeit vor Haeckel schon zu finden ist, z. B. bei Carl Friedrich Kielmeyer (1765–1844), der bemerkte: „Auch Mensch und Vogel sind in ihrem ersten Zustande pflanzenartig, rege ist die Reproduktionskraft in ihnen [...], späterhin hebt sich [...] ihre Irritabilität" (zit. nach Zimmermann 1953, S. 254).

138   Anmerkungen

8. Kapitel

¹ Der Ausdruck „Soziobiologie" wurde 1948 anläßlich einer Konferenz in New York geschaffen, um interdisziplinäre Studien des sozialen Verhaltens der Lebewesen zusammenzufassen. Die Idee, soziales Verhalten mit der Evolution in Verbindung zu bringen bzw. evolutiv zu erklären, ist indes praktisch so alt wie die Evolutionstheorie selbst. Insbesondere bei Darwin (1871) finden sich schon viele interessante Ideen dazu.

² Edward O. Wilson, dessen Spezialgebiet in der Biologie die Entomologie (und dort wieder die Ameisen- und Termitenforschung) ist, hat mit seinem gewichtigen Buch *Sociobiology: The New Synthesis* (1975) die Grundlagen für diese Disziplin geschaffen und die Diskussion darüber ins Rollen gebracht. Die Auseinandersetzungen um die Soziobiologie wurden in den siebziger und achtziger Jahren vor allem in den USA sehr vehement geführt – so vehement, daß Wilson bei einer Vortragsveranstaltung sogar mit Wasser übergossen wurde. (Offensichtlich können also auch bei akademischen Veranstaltungen die stammesgeschichtlich alten Verhaltensmuster „durchbrechen".)

³ Hobbes lehrte, daß sich der Mensch im Naturzustand stets im Krieg mit seinen Artgenossen befunden habe: *Bellum omnium contra omnes*. In ihrer ursprünglichen Form findet sich diese Vorstellung aber schon bei dem römischen Dichter Titus Maccius Plautus (250–184 v. Chr.).

9. Kapitel

¹ Friedrich Engels (1820–1895) war der Mitbegründer des dialektischen Materialismus und Wissenschaftlichen Sozialismus und Mitverfasser des „Kommunistischen Manifests".

² In Rußland wurde die Stadt Mitschurinsk nach ihm benannt und in Bulgarien die Stadt Mitschurin.

³ Zu erinnern ist in diesem Zusammenhang auch noch einmal an Herbert Spencer (vgl. S. 57), der durchaus für humanistische Ideale eintrat. Mit der Rolle, die er der Erziehung beimaß, stand er allerdings im Gegensatz etwa zu Lapouge.

⁴ Der *Behaviorismus* wurde von John Broadus Watson (1878–1958) als eine ausschließlich das Lernen und die Umwelteinflüsse berücksichtigende Richtung der Verhaltensforschung begründet. (Zur Übersicht siehe Wuketits 1995a.) Er hatte einen enormen Einfluß auf Sozialtheoretiker und Pädagogen.

⁵ Der historische Materialismus ist eine ökonomische Geschichtsauffassung, der zufolge (nach Marx) die Produktionsweise des materiellen Lebens die

soziale, politische und geistige Entwicklung des Menschen – also überhaupt die Geschichte – bedingt.

10. Kapitel

[1] Mit Entwicklungsbiologie ist im wesentlichen die Gesamtheit aller Disziplinen gemeint, die sich mit der individuellen Entwicklung der Lebewesen (Ontogenese), insbesondere mit der Embryonalentwicklung befassen, z. B. vergleichende Entwicklungsgeschichte, Entwicklungsphysiologie (die Untersuchung physiologischer Faktoren der Ontogenese) usw.

[2] Unter *Klonierung* versteht man einerseits die (künstliche) Herstellung genetisch identischer Individuen, andererseits auch die Einschleusung und Neukombination von Erbgut (DNS) in fremde Organismen und die anschließende asexuelle Vermehrung dieser Organismen.

[3] Genom = die in den Zellen eines Organismus enthaltene Gesamtheit der Gene.

[4] Gentechnik bzw. Gentechnologie enthält Theorie und Methode zur Analyse und praktischen, gezielten Veränderung und Neukombination von Genen und genetischen Signalstrukturen. Sie ist ein Teilgebiet der *Biotechnologie*, die sich insgesamt mit den Anwendungen mikrobiologischer, biochemischer und molekularbiologischer Erkenntnisse befaßt, mit dem Ziel, Leistungen biologischer Systeme zu nutzen und zu optimieren und ökonomisch zu verwerten.

Glossar

Analogie-Denken: Denkweise bzw. Methode, die in bestimmten Wirklichkeitsbereichen bekannte Prinzipien auf andere Wirklichkeitsbereiche überträgt. So formulierte Darwin seine → Selektionstheorie, indem er das Selektionsprinzip analog zur Tier- und Pflanzenzüchtung definierte.

Anthropologie: Wissenschaft vom Menschen, die in verschiedene Teildisziplinen aufgegliedert wird, z. B. biologische A. (→ Humanbiologie), Kulturanthropologie usw., die den Menschen jeweils unter einem bestimmten Blickwinkel studieren.

Archetyp: Urbild, Urtyp; in der Geschichte der Biologie, insbesondere in der → idealistischen Morphologie Bezeichnung für jede postulierte „Grundform" der verschiedenen Lebewesen.

Ästhetizismus: Historisch aus der → Romantik ableitbare, am Schönen bzw. an der Kunst orientierte Lebenshaltung.

Aszendenz: Höherentwicklung. Der Begriff der A. bringt die Auffassung zum Ausdruck, daß Evolution progressiv, fortschrittlich verläuft, bei einfachen Lebewesen beginnt und immer komplexere, „höhere" Arten hervorbringt. Evolution bedeutet demnach nicht nur Entwicklung, Veränderung in einem neutralen Sinn, sondern „Aufstieg".

Aufklärung: Eine vor allem in der zweiten Hälfte des 18. Jahrhunderts und im 19. Jahrhundert sehr einflußreiche geistesgeschichtliche Strömung, die den Menschen und seine rationale Fähigkeit (Vernunft) in den Mittelpunkt stellte und sich gegen politische sowie religiöse Dogmen wandte. Obwohl die A. eine gesamteuropäische Erscheinung war, fand sie in Frankreich ihren stärksten Ausdruck.

Biogenetische Regel: Oft auch als „biogenetisches Grundgesetz" bezeichnet, beruht die b. R. auf dem Zusammenhang zwischen Stammes- und Individualentwicklung und besagt in der ihr von Haeckel verliehenen Form, daß die individuelle Entwicklung (insbesondere Embryonalentwicklung) eines Lebewesens die Stammesgeschichte seiner Art, Gattung, Familie usw. in verkürzter Form wiederholt.

Biologismus: Übertragung biologischer Denkweisen, Theorien und Modelle auf außerbiologische Bereiche, vor allem auf kulturelle und soziale Phänomene (→ Sozialdarwinismus).

Darwinismus: Meist nicht sehr klar definierter Begriff, der einerseits die → Selektionstheorie Darwins, also eine bestimmte biologische → Evolutionstheorie bezeichnet, andererseits aber vor allem die weltanschaulichen Implikationen dieser Theorie meint (→ Sozialdarwinismus).
Deszendenz: Abstammung; Ableitbarkeit aller heutigen Organismenarten von „andersartigen" Lebewesen.
Determinismus: Allgemein die Auffassung, daß das Weltgeschehen streng gesetzmäßig abläuft, im besonderen die Leugnung der menschlichen Willensfreiheit.
Entelechie: Auf Aristoteles zurückgehender, im → Vitalismus häufig gebrauchter Ausdruck für „formgebende Kräfte" in Lebewesen.
Entwicklungsmechanik: Heute weniger gebräuchliche Bezeichnung für Entwicklungsphysiologie, ein Teilgebiet der Physiologie, das die kausalen Zusammenhänge der individuellen Entwicklung (insbesondere beim Embryo) experimentell analysiert.
Eugenik: Erbgesundheitslehre, Erbhygiene. In einem ideologisch neutralen Sinn die Verbesserung des Genbestands einer Population (→ Gen). Ideologisch das Bestreben einer „Veredelung" des Menschen bzw. bestimmter Völker oder → Rassen (→ Rassenhygiene, → Sozialdarwinismus).
Evolutionärer Humanismus: Insbesondere von J. Huxley vertretene Vorstellung, wonach sich für den Menschen aufgrund seiner evolutiven Verbindung mit der Natur, mit anderen Lebewesen, auch eine Verantwortung für andere Kreaturen und die Pflicht zu einem humanen Leben ergibt.
Evolutionstheorie: Allgemein jede Theorie der Veränderung der Welt bzw. ihrer einzelnen Teilbereiche. In der Biologie Theorie des stammesgeschichtlichen Artenwandels, seiner Ablaufformen, Gesetzmäßigkeiten und Mechanismen, z. B. Darwins → Selektionstheorie.
Gen: Erbfaktor; Abschnitt auf der DNA, der erblich bestimmte Strukturen bzw. Funktionen von Lebewesen codiert.
Gentechnik: Gesamtheit der Methoden zur Analyse, gezielten Veränderung und Neukombination von → Genen und genetischen Signalstrukturen.
Gentherapie: Medizinische Behandlung genetischer Defekte, beispielsweise durch Einschleusen eines gesunden → Gens in einige Zellen eines erwachsenen Individuums.
Geologie: Allgemein „Erdkunde", früher meist „Erdgeschichte", heute Bezeichnung für die Wissenschaft, die sich mit den Strukturen und Prozessen der Erdkruste, mit ihren Gesteinen und deren Lagerung sowie mit den Vorgängen der Erdgeschichte beschäftigt (→ historische G.).
Historia naturalis: Beschreibende → Naturgeschichte; auch Titel einiger klassischer naturhistorischer Werke.
Historische Geologie: Im 19. Jahrhundert begründete Teildisziplin der → Geo-

logie, die sich mit den Wandlungen der Erde im Laufe ihrer Geschichte befaßt, mit der Entstehung und Entwicklung der Kontinente, dem Wandel des Klimas usw. Mit der Etablierung der h. G. ging die Überzeugung eines relativ hohen Alters der Erde einher.

Historischer Materialismus: Auffassung, wonach die Produktionsweise des materiellen Lebens alle sozialen und geistigen Prozesse des Menschen bestimmt.

Humanbiologie: Teilgebiet der → Anthropologie. Die H. befaßt sich mit den anatomischen und physiologischen Merkmalen des Menschen, seiner Stammesgeschichte (→ Paläanthropologie) und Populationsdifferenzierung.

Iatromagie: Magische Heilkunst; magisches Denken und Handeln zur Erhaltung, Förderung und Wiedererlangung von Gesundheit.

Iatromechanik: Ideengeschichtlich mit der → Maschinentheorie des Lebens zusammenhängende biomedizinische Schule, die alle Funktionen des (menschlichen) Organismus auf mechanische Prinzipien zurückführt (→ Mechanismus).

Idealismus: In der Philosophie grundsätzlich jede Richtung, deren Vertreter die Natur im allgemeinen, das Leben und den Menschen von einem postulierten „Geistprinzip" her bestimmen und dem Geist gegenüber der Materie eine Vorrangstellung einräumen.

Idealistische Morphologie: Morphologische Denktradition, die die Lebewesen in ihren Strukturen auf (vielfach idealisierte) Grundformen (→ Archetypen) zurückführt und Urbilder oder Urgestalten annimmt.

Ideologie: Weltanschauung; Ideensystem vor allem über gesellschaftliche bzw. kulturelle Entwicklungen und die Gesamtheit wertender Aussagen über die Organisation und die Ziele „gesellschaftlichen Lebens".

Industrielle Revolution: Die durch bahnbrechende Erfindungen (z. B. Dampfmaschine) in England im späten 18. Jahrhundert ausgelöste Industrialisierung und Technisierung. Zusammen mit den Ideen der Aufklärung führte die i. R. zu Umwälzungen im sozialen Bereich und zu einem veränderten Bewußtsein gegenüber den Naturwissenschaften.

Katastrophentheorie: Die vor allem von G. Cuvier vertretene Ansicht, daß in der Erdgeschichte die Lebewesen durch mehrere Katastrophen vernichtet und jeweils wieder neu, nach anderen Bauplänen entstanden sind. Die K. steht im Widerspruch zur → Evolutionstheorie im engeren Sinn.

Kontinuitätsprinzip: In der → Naturphilosophie Prinzip des Zusammenhangs aller Dinge und der langsamen, schrittweisen Entwicklung (demnach macht die Natur keine Sprünge). In der → Evolutionstheorie die z. B. von Darwin vertretene Auffassung von der langsamen, graduellen Evolution.

Kreationismus: Schöpfungsglaube. Im Gegensatz zur → Evolutionstheorie die Vorstellung von der einmaligen Schöpfung aller Lebewesen durch Gott.

Der K. wird auch heute in verschiedenen Varianten vertreten und dem Evolutionsdenken gegenübergestellt.

Kriminalanthropologie: Anthropologisches Studium des Verbrechers und des Verbrechens, geprägt von der von Lombroso vertretenen Auffassung, daß es den geborenen Straftäter gibt und daß dieser sich durch bestimmte anthropologische Merkmale auszeichnet.

Laissez-faire: Freie Entfaltung des Wirtschaftslebens ohne Einmischung des Staates.

Lamarckismus: Theorie Lamarcks, insbesondere die Auffassung von der Vererbung individuell erworbener Merkmale und Eigenschaften.

Maschinentheorie: Mechanistische Auffassung von Leben, wonach Organismen nach dem Prinzip von Maschinen funktionieren und mechanisch erklärt und verstanden werden können (→ Mechanismus).

Materialismus: Allgemein jede philosophische Richtung, die im Gegensatz zum → Idealismus die Natur, das Leben, den Menschen von der Materie her bestimmt und die Eigenständigkeit des Geistigen leugnet.

Mechanik: Teilgebiet der (klassischen) Physik, die den Aufbau und die Bewegung von Körpern auf allgemeine Gesetze (z. B. Trägheitsgesetz) zurückführt. Im Laufe der Zeit wurden diese Gesetze auf immer komplexere Situationen angewandt. Die M. erklärte letztendlich die Welt als eine riesige Maschine und hatte auch großen Einfluß auf die Erklärung des Lebenden (→ Maschinentheorie, Mechanismus).

Mechanismus: Auffassung, daß Lebewesen aufgrund physikalischer, mechanischer Prinzipien erklärbar sind und daß für ihre Erklärung keinerlei besondere Prämissen nötig sind. Gegenteil: → Vitalismus.

Metamorphose: In der Zoologie Umwandlung von Larven zu erwachsenen (adulten) Tieren, z. B. die Umwandlung von Kaulquappen zu Fröschen. Allgemein wird unter M. auch ein Form- bzw. Gestaltwechsel in idealisierter Weise verstanden (→ idealistische Morphologie).

Monistische Philosophie: Speziell von Haeckel angestrebtes Weltbild auf evolutionärer Grundlage. Haeckel dehnte dabei die → Evolutionstheorie auf praktisch alle menschlichen Lebensbereiche (gesellschaftliche Organisation, Moral, Recht usw.) aus.

Naturgeschichte: Historisch gesehen die Epoche, in der Lebewesen vorwiegend beschrieben wurden; vor der Etablierung der Biologie zu Beginn des 19. Jahrhunderts.

Naturphilosophie: Philosophische Disziplin, die sich mit der Natur beschäftigt; allgemein die Gesamtheit philosophischer Reflexionen über die Natur.

Paläanthropologie: Studium des fossilen Menschen; umfaßt heute einen Zeitraum von etwa fünf Millionen Jahren. Als Geburtsstunde der P. gilt meist die Entdeckung des Neandertalers im Jahr 1856.

Paläontologie: Wissenschaft von den fossilen Lebewesen; auch Wissenschaft vom Leben der „Vorzeit", die sich in Zusammenarbeit mit anderen Disziplinen bemüht, „Lebensbilder" ausgestorbener Organismenarten zu rekonstruieren.

Phänotypische Variation: Unterschiedliche Ausprägung von Einzelmerkmalen bei den Individuen einer Art (→ Rasse).

Phrenologie: Kranioskopie; im späten 18. und 19. Jahrhundert vertretene Ansicht, wonach sich aus der äußeren Form des Schädels auf seelische Eigenschaften schließen läßt.

Psychoanalyse: Von Freud begründete Theorie des Unbewußten. Demnach werden viele Handlungen des Menschen von unbewußten, verborgenen Antrieben gesteuert. Zugleich ist die P. auch eine psychotherapeutische Methode, die mit dem Unbewußten arbeitet.

Psychogenetisches Grundgesetz: Ein schon vor der Formulierung der biogenetischen Regel formuliertes Prinzip, demzufolge die geistige bzw. psychische Entwicklung des Individuums alle Stadien der mentalen Entwicklung seiner Gattung wiederholt.

Rasse: Eine systematische Kategorie unterhalb der Art. Die Abgrenzung von R.n kann oft nicht streng festgelegt werden. In der → Anthropologie wurde der Begriff der R. insbesondere im → Sozialdarwinismus mißbräuchlich verwendet und wird heute aus diesen Gründen oft zurückgewiesen.

Rassenhygiene: Ideologisch begründete Strömung, die im Dritten Reich als „Rassensäuberung" betrieben wurde, mit dem Ziel, die „arische Rasse" rein zu halten. Eine Folge davon war die „Endlösung" der Judenfrage.

Renaissance: Geistesgeschichtliche Epoche, die in Italien im 15. Jahrhundert einsetzte und sämtliche Gebiete des menschlichen Geistes erfaßte. Ihre Kennzeichen sind eine Rückbesinnung auf die Antike, ein humanistisch geprägtes Weltbild und der Glaube an die objektive Naturerkenntnis. Die R. war für die Naturforschung von großer Bedeutung, da sie das empirische Studium der Naturphänomene förderte.

Romantik: Eine von der deutschen Literatur im späten 18. Jahrhundert ausgehende Geistesströmung, die in der Betrachtung der Natur, des Lebens auf die Erfassung der „großen Harmonien" ausgerichtet war und eine deutliche Abkehr von der mechanistischen Naturbetrachtung (→ Mechanismus) markierte.

Romantische Naturphilosophie: Strömung in der → Naturphilosophie, die im Rahmen der → Romantik eine allumfassende Deutung der Naturphänomene, insbesondere des Lebens anstrebte. Die r. N. war von einem idealisierten Naturbild geprägt.

Selektionstheorie: → Evolutionstheorie Darwins; Theorie der natürlichen Auslese. Aus dem natürlichen Wettbewerb gehen demnach nur die jeweils tauglichen Individuen als „Sieger" hervor.

Sozialdarwinismus: Ideologische Umdeutung der → Selektionstheorie, die auf ein „Recht des Stärkeren" hinausläuft und das Selektionsprinzip im normativen Sinn auf die Gestaltung menschlicher Gesellschaften überträgt. Der S. hat in seiner praktischen Anwendung im Dritten Reich zu verheerenden Auswirkungen geführt. Er ist das Paradebeispiel für den ideologischen Mißbrauch naturwissenschaftlicher Erkenntnisse.

Soziobiologie: Studium des sozialen Verhaltens der Tiere und des Menschen auf genetischer und evolutionsbiologischer Grundlage.

Stammbaum: Baumförmige Darstellung der stammesgeschichtlichen Verwandtschaft einzelner Organismenarten, -gattungen, -familien usw. Historisch und erkenntnislogisch geht der S. aus einer phylogenetischen Interpretation der → Stufenleiter hervor.

Stufenleiter: Vorstellung einer stufenförmigen, hierarchischen Anordnung der Naturkörper bzw. graphische Darstellung dieser postulierten Anordnung. Modelle der S. wurden von der Antike bis ins 19. Jahrhundert entworfen. Sie reflektieren in der Hauptsache ein statisches Weltbild und sind Ausdruck des vorevolutionären Denkens.

System der Organismen: Ordnung bzw. Klassifikation der Organismenwelt. Künstliche S.e legen einer solchen Ordnung bestimmte Merkmale zugrunde, die oft willkürlich ausgewählt werden. Das natürliche S. hingegen ist eine Repräsentation der stammesgeschichtlichen, verwandtschaftlichen Zusammenhänge.

Systematik: Biologische Disziplin, die sich um eine Ordnung der Vielfalt der Lebewesen bemüht (→ System der Organismen).

Uniformitarismus: Lehre von den „einheitlichen Ursachen" (Gegensatz Katastrophentheorie). Der in der Hauptsache von Lyell begründete U. deutet geologische Phänomene als Resultate einheitlicher, über lange Zeiträume wirkender Kräfte.

Urzeugung: Auffassung, wonach einzelne Lebewesen mehr oder weniger spontan aus anorganischer Materie oder auch auseinander entstehen können.

Viktorianisches Zeitalter: In England das Zeitalter Königin Viktorias, 1848 bis 1886, gekennzeichnet durch liberales Denken und aufklärerische Auffassungen (→ Aufklärung). Das V. Z. wird begleitet durch einen gewaltigen Aufschwung in den Naturwissenschaften und in der Technik. (→ Laissez-faire.)

Vitalismus: Im Gegensatz zum → Mechanismus gehen die Vertreter des V. davon aus, daß Lebewesen nur unter Zuhilfenahme spezifischer Kräfte (Lebens-, Vitalkräfte) erklärt werden können, die nicht auf die Gesetze der → Mechanik reduzierbar sind. Diese „Kräfte" wurden häufig als spirituelle, geistige Prinzipien aufgefaßt.

Zelltheorie: Im 19. Jahrhundert begründete Vorstellung, der zufolge die Zelle die Elementareinheit aller Organismen ist und die Minimalbedingungen für Leben definiert. Die Z. war sehr wichtig für die Begründung der Biologie als Gesamtwissenschaft vom Leben.

Literatur

Aelianus, C.: Bunte Geschichten, Leipzig 1990.
Allen, G. E.: Life Science in the Twentieth Century, Cambridge–London 1978.
Aristoteles: Hauptwerke (ausgewählt, übersetzt und eingeleitet von W. Nestle), Stuttgart 1977.
Asimov, I.: 500 000 Jahre Erfindungen und Entdeckungen, Augsburg 1996.
Ax, P.: Systematik in der Biologie, Stuttgart 1988.
Bachmann, R.: Anthropologische Relevanz der allgemeinen Ontogenie, in: H.-G. Gadamer und P. Vogler (Hrsg.): Neue Anthropologie, Band 1 (Biologische Anthropologie, erster Teil), München–Stuttgart 1972, 195–229.
Baron, W.: Die Entwicklung der Biologie im 19. Jahrhundert und ihre geistesgeschichtlichen Voraussetzungen, in: W. Baron (Hrsg.): Beiträge zur Methodik der Wissenschaftsgeschichte, Wiesbaden 1967, 7–11.
Barthelmeß, A.: Vögel – lebendige Umwelt. Probleme von Vogelschutz und Humanökologie geschichtlich dargestellt und dokumentiert, Freiburg–München 1981.
Bäumer, Ä.: Stammt der Mensch vom Affen ab? Die Geschichte der Abstammungslehre des Menschen, in: Universitas 44 (1989), 848–860.
Bäumer-Schleinkofer, Ä.: Die Geburt der Biologie, in: Universitas 49 (1994), 465–475.
Bernal, J. D.: Wissenschaft. Science in History, 4 Bände, Reinbek 1970.
Bishop, J. E. und M. Waldholz: Genome – The Story of Our Astonishing Attempt to Map All the Genes in the Human Body, New York 1990.
Bowler, P. J.: Evolution. The History of an Idea, Berkeley 1988.
Bresch, C. und R. Hausmann: Klassische und molekulare Genetik (3. Aufl.), Berlin–Heidelberg–New York 1972.
Brockdorff, C. v.: Die deutsche Aufklärungsphilosophie, München 1920.
Brömer, R.: Evolution und Verbrechen, in: B.-M. Baumunk und J. Rieß (Hrsg.): Darwin und Darwinismus. Eine Ausstellung zur Kultur- und Naturgeschichte, Berlin 1994, 128–133.
Büchner, L.: Sechs Vorlesungen über die Darwin'sche Theorie von der Verwandlung der Arten und die erste Entstehung der Organismenwelt, Leipzig 1872.

Büchner, L.: Physiologische Bilder, Band 1 (3. Aufl.), Leipzig 1886.
Büchner, L.: Physiologische Bilder, Band 2, Leipzig 1875.
Carson, H. L.: Human Genetic Diversity, a Critical Resource for Man's Future, in: Biol. & Philos. 8 (1993), 33–45.
Cohen, J.: Golem und Roboter. Über künstliche Menschen, Frankfurt a. M. 1968.
Darwin, Ch.: On the Origin of Species by Means of Natural Selection, London 1859. (Dt. nach der Übersetzung von C. Neumann, Stuttgart 1967.)
Darwin, Ch.: The Descent of Man, London 1871. (Dt. nach der Übersetzung von H. Schmidt, Stuttgart 1966.)
Darwin, Ch.: The Expression of the Emotions in Man and Animals, London 1872. (Dt. nach der Übersetzung von J. V. Carus, Nördlingen 1986.)
Dawkins, R.: Das egoistische Gen (2., ergänzte Aufl.), Heidelberg–Oxford–Berlin 1994.
Dennert, E.: Die Wahrheit über Ernst Haeckel und seine „Welträtsel", Halle 1909.
Desmond, A. J.: Archetypes and Ancestors, Palaeontology in the Victorian London 1850–1875, London 1982.
Desmond, A. J. und J. Moore: Darwin, Reinbek 1994.
Dobzhansky, T., F. J. Ayala, G. L. Stebbins und J. W. Valentine: Evolution, San Francisco 1977.
Dobzhansky, T.: Die Entwicklung zum Menschen. Evolution, Abstammung und Vererbung. Ein Abriß, Hamburg–Berlin 1958.
Driesch, H.: Philosophie des Organischen (4. Aufl.), Leipzig 1928.
Dulbecco, R.: Der Bauplan des Lebens. Die Schlüsselfragen der Biologie, München–Zürich 1991.
Dunn, L. C. und T. Dobzhansky: Heredity, Race and Society, New York 1946.
Eigen, M.: Perspektiven der Wissenschaft. Jenseits von Ideologien und Utopien, Stuttgart 1988.
Engelhardt, W.: Das Ende der Artenvielfalt. Aussterben und Ausrottung von Tieren, Darmstadt 1997.
Feyerabend, P.: Wider den Methodenzwang. Skizze einer anarchistischen Erkenntnistheorie, Frankfurt a. M. 1976.
Flad-Schnorrenberg, B.: Die Entdeckung des Lebendigen, Weinheim 1978.
Freud, S.: Abriß der Psychoanalyse (1938), Frankfurt a. M. 1953.
Glass, B., O. Temkin und W. L. Straus (Hrsg.): Forerunners of Darwin 1745–1859, Baltimore 1959.
Goethe, J. W. v.: Schriften zur Biologie (herausgegeben von K. Dietzfelbinger), München–Wien 1982.
Goll, R.: Der Evolutionismus. Analyse eines Grundbegriffs neuzeitlichen Denkens, München 1972.

Gould, S. J.: Ontogeny and Phylogeny, Cambridge/Mass.–London 1977.
Gould, S. J.: Time's Arrow, Time's Cycle: Myth and Metaphor in the Discovery of Geological Time, Cambridge/Mass.–London 1987.
Gould, S. J.: Punctuated Equilibrium in Fact and Theory, in: J. Social Biol. Struct. 12 (1989), 117–136.
Grmek, M.: A Survey of Mechanical Interpretations of Life from Greek Atomists to the Followers of Descartes, in: A. D. Breck, W. Yourgrau (Hrsg.), Biology, History, and Natural Philosophy, New York 1972, 181–195.
Gutmann, W. F. und K. Bonik: Borelli und die Folgen – kann man Biomechanik in Lebewesen sehen?, in: Natur u. Museum 110 (1980), 263–275.
Haeckel, E.: Anthropogenie oder Entwicklungsgeschichte des Menschen. Keimes- und Stammesgeschichte (4. Aufl.), 2 Bände, Leipzig 1891.
Haeckel, E.: Die Welträthsel. Gemeinverständliche Studien über Monistische Philosophie (5. Aufl.), Bonn 1900.
Haeckel, E.: Natürliche Schöpfungs-Geschichte. Gemeinverständliche wissenschaftliche Vorträge über die Entwicklungs-Lehre (10. Aufl.), 2 Bände, Berlin 1902.
Haeckel, E.: Die Lebenswunder. Gemeinverständliche Studien über Biologische Philosophie, Stuttgart 1905.
Hausmann, R.: ... und wollten versuchen, das Leben zu verstehen ... Betrachtungen zur Geschichte der Molekularbiologie, Darmstadt 1995.
Hays, H. R.: Birds, Beasts, and Men: A Humanist History of Zoology, Baltimore 1972.
Heberer, G.: Nachwort, in: Ch. Darwin, Die Entstehung der Arten, Stuttgart 1967, 679–687.
Heberer, G.: Geschichte der Anthropologie, in: G. Heberer, I. Schwidetzky und H. Walter (Hrsg.): Das Fischer Lexikon Anthropologie, Frankfurt a. M. 1970, 64–70.
Heitler, W.: Der Mensch und die naturwissenschaftliche Erkenntnis, Braunschweig 1970.
Hemleben, J.: Ernst Haeckel in Selbstzeugnissen und Bilddokumenten, Reinbek 1964.
Hemleben, J.: Charles Darwin in Selbstzeugnissen und Bilddokumenten, Reinbek 1968.
Herder, J. G.: Ausgewählte Werke, 6 Bände, Stuttgart 1885.
Herre, W. und M. Röhrs: Haustiere – Zoologisch gesehen (2. Aufl.), Stuttgart–New York 1990.
Hertwig, O.: Zur Abwehr des ethischen, des sozialen, des politischen Darwinismus, Jena 1918.
Hölder, H.: Die Entwicklung der Paläontologie im 19. Jahrhundert, in: W. Treue

und K. Mauel (Hrsg.): Naturwissenschaft, Technik und Wirtschaft im 19. Jahrhundert, Göttingen 1976, 107–134.

Humboldt, A. v.: Kosmos. Entwurf einer physischen Weltbeschreibung, 4 Bände, Stuttgart–Augsburg 1845.

Huxley, J.: Evolution in Action, New York 1953.

Jacob, F.: Die Logik des Lebenden. Von der Urzeugung zum genetischen Code, Frankfurt a. M. 1972.

Jahn, I.: Grundzüge der Biologiegeschichte, Jena 1990.

Jahn, I., R. Löther und K. Senglaub: Geschichte der Biologie. Theorien, Methoden, Institutionen und Kurzbiographien, Jena 1982.

Janik, A. und S. Toulmin: Wittgensteins Wien, München–Zürich 1987.

Jeßberger, R.: Kreationismus. Kritik des modernen Antievolutionismus, Berlin–Hamburg 1990.

Johansson, I.: Meilensteine der Genetik. Eine Einführung, Hamburg–Berlin 1980.

Jürß, F., R. Müller und E. G. Schmidt (Hrsg.): Griechische Atomisten. Texte und Kommentare zum materialistischen Denken der Antike, Leipzig 1977.

Kambartel, F.: Erfahrung und Struktur. Bausteine zu einer Kritik des Empirismus und Formalismus, Frankfurt a. M. 1968.

Kant, I.: Werke (herausgegeben von Weischedel, W.), 10 Bände, Darmstadt 1968.

Keitel-Holz, K.: Ernst Haeckel (1834–1919), in: Natur u. Museum 114 (1984), 57–68.

Kedrow, B. M.: Die Naturwissenschaft, in: Große Sowjetenzyklopädie (Reihe Biologie und Agrarwissenschaften), 25. dt. Bearbeitung, Jena 1955, 51–71.

Koch, H. W.: Der Sozialdarwinismus. Seine Genese und sein Einfluß auf das imperialistische Denken, München 1973.

Kuhn, W.: Biologischer Materialismus. Der Mensch ist keine Maschine, Osnabrück 1973.

Lamarck, J. B. de: Philosophie zoologique, Paris 1809. (Dt. nach der Übersetzung von A. Lang, 3 Bände, Leipzig 1990, 1991.)

Lamettrie, J. O. de: L'homme machine (1748), Der Mensch als Maschine, Nürnberg 1985.

Lange, F. A.: Geschichte des Materialismus und Kritik seiner Bedeutung in der Gegenwart, Berlin 1920.

Leibniz, G. W.: Die Theodicee, 2 Bände, Leipzig 1883.

Lewontin, R. C., S. Rose und L. J. Kamin: Not in Our Genes. Biology, Ideology, and Human Nature, New York 1984.

Lohff, B.: Die Entwicklung des Experiments im Bereich der Nervenphysiologie, in: Sudhoffs Archiv 64 (1980), 105–129.

Lombroso, C.: Genie und Irrsinn in ihren Beziehungen zum Gesetz, zur Kritik und zur Geschichte, Leipzig 1887.

Lorenz, K.: Das sogenannte Böse. Zur Naturgeschichte der Aggression (1963), München–Zürich 1984.

Lovejoy, A. O.: The Great Chain of Being. A Study of a History of an Idea, Cambridge/Mass. 1936.

Lumsden, Ch. und E. O. Wilson: Genes, Mind and Culture: The Coevolutionary Process, Cambridge/Mass.–London 1981.

Lyell, Ch.: Geologie oder Entwicklungsgeschichte der Erde und ihrer Bewohner, 2 Bände, Berlin 1857, 1858.

Mägdefrau, K.: Geschichte der Botanik. Leben und Leistung großer Forscher, Stuttgart 1973.

Manier, E.: The Young Darwin and His Cultural Circle, Dordrecht–Boston 1978.

Mann, G.: Rassenhygiene – Sozialdarwinismus, in: G. Mann (Hrsg.): Biologismus im 19. Jahrhundert, Stuttgart 1973, 73–93.

Martin, G. P. R.: Conrad Gesner zu seinem vierhundertsten Todestage am 13. Dezember 1965, in: Natur u. Museum 95 (1965), 483–494.

Mason, S. F.: Geschichte der Naturwissenschaften in der Entwicklung ihrer Denkweisen (2. Aufl.), Stuttgart 1974.

Mayr, E.: Evolution und die Vielfalt des Lebens, Berlin–Heidelberg–New York 1979.

Mayr, E.: Die Entwicklung der biologischen Gedankenwelt. Vielfalt, Evolution und Vererbung, Berlin–Heidelberg–New York–Tokyo 1984.

Mayr, E.: ... und Darwin hat doch recht. Charles Darwin, seine Lehre und die moderne Evolutionstheorie, München–Zürich 1994.

Meyer-Abich, A.: Biologie der Goethezeit, Stuttgart 1949.

Meyer-Abich, A.: Alexander von Humboldt in Selbstzeugnissen und Bilddokumenten, Reinbek 1967.

Meyer-Steineg, T. und K. Sudhoff: Illustrierte Geschichte der Medizin (5. Aufl.), Stuttgart 1965.

Mierau, S. (Hrsg.): Carl von Linné: Lappländische Reise und andere Schriften, Leipzig 1987.

Milner, R.: Charles Darwin and Associates, Ghostbusters, in: Scient. Amer. Oktober 1996, 72–77.

Mitschurin, I. W.: Ausgewählte Werke, Moskau 1949.

Mohr, H.: Über die Bedeutung der Naturwissenschaften für die Kultur unserer Zeit, in: Nova Acta Leopoldina (Neue Folge), Nr. 209 (1973), 5–16.

Mohr, H.: Qualitatives Wachstum. Losung für die Zukunft, Stuttgart–Wien 1995.

Moleschott, J.: Der Kreislauf des Lebens, Mainz 1863.

Morris, P. A.: An Historical Review of Bird Taxidermy in Britain, in: Archives of Natural History 20 (1993), 241–255.

Mühlmann, W. E.: Geschichte der Anthropologie (2. Aufl.), Frankfurt a. M.–Bonn 1968.

Müller, G. H.: Charles Darwins Südamerikareise, in: Biogeographica 19 (1984), 13–19.

Müller, G. H.: Die Begründung der Ökologie als Lehre vom Haushalt der Natur durch Ernst Haeckel, in: Biol. Rdsch. 23 (1985), 337–343.

Müller-Hill, B.: Die Philosophen und das Lebendige, Frankfurt a. M.–New York 1981.

Müller-Hill, B.: Bioscience in Totalitarian Regimes: The Lessons to be Learned from Nazi Germany, in: D. J. Roy, B. E. Wynne und R. W. Old (Hrsg.): Bioscience and Society, New York 1991, 67–76.

Nachtigall, W.: Geschichte der Erforschung des Vogelflugs von der Renaissance bis zur Gegenwart, in: J. Onrithol. 114 (1973), 283–304.

Oeser, E.: Wissenschaftstheorie als Rekonstruktion der Wissenschaftsgeschichte. Fallstudien zu einer Theorie der Wissenschaftsentwicklung, 2 Bände, Wien–München.

Oeser, E.: Psychozoikum. Evolution und Mechanismus der menschlichen Erkenntnisfähigkeit, Berlin–Hamburg 1987.

Oeser, E.: Das Abenteuer der kollektiven Vernunft. Evolution und Involution der Wissenschaft, Berlin–Hamburg 1988.

Oeser, E.: System, Klassifikation, Evolution. Historische Analyse und Rekonstruktion der wissenschaftstheoretischen Grundlagen der Biologie (2. Aufl.), Wien 1996.

Oeser, E.: Macht und Korruption in der Wissenschaft, in: 3. Wissenschaftliche Sommerakademie Kapfenberg 1997, 9–24.

Oeser, E. und F. Seitelberger: Gehirn, Bewußtsein und Erkenntnis, Darmstadt 1988.

O'Hara, R. J.: Representations of the Natural System in the Nineteenth Century, in: Biol. & Philos. 6 (1991), 255–274.

Osche, G.: Die vergleichende Biologie und die Beherrschung der Mannigfaltigkeit, in: Biol. i. unserer Zeit 5, 139–146.

Osche, G.: Die Sonderstellung des Menschen in biologischer Sicht: Biologische und kulturelle Evolution, in: R. Siewing (Hrsg.): Evolution. Bedingungen – Resultate – Konsequenzen (3. Aufl.), Stuttgart–New York 1987, 499–523.

Pennock, R. T.: Moral Darwinism: Ethical Evidence for the Descent of Man, in: Biol. & Philos. 10 (1995), 287–307.

Peters, H. M.: Historische, soziologische und erkenntniskritische Aspekte der Lehre Darwins, in: H.-G. Gadamer und P. Vogler (Hrsg.): Neue Anthropolo-

gie, Band 1 (Biologische Anthropologie, erster Teil), München–Stuttgart 1972, 326–352.
Popper, K. R.: Conjectures and Refutations: The Growth of Scientific Knowledge (3. Aufl.), London 1969.
Popper, K. R.: Objective Knowledge: An Evolutionary Approach, Oxford 1972.
Prel, C. F. du: Der Kampf ums Dasein am Himmel. Versuch einer Philosophie der Astronomie, Berlin 1876.
Querner, H.: Stammesgeschichte des Menschen, Berlin–Köln–Mainz 1968.
Querner, H.: Darwin, sein Werk und der Darwinismus, in: G. Mann (Hrsg.): Biologismus im 19. Jahrhundert, Stuttgart 1973, 10–29.
Querner, H.: Darwins Deszendenz- und Selektionslehre auf den deutschen Naturforscher-Versammlungen, in: Acta Historica Leopoldina, Nr. 9 (1975), 439–456.
Regelmann, J.-P.: Die Geschichte des Lyssenkoismus, Frankfurt a. M. 1980.
Rensch, B.: Gesetzlichkeit, psychophysischer Zusammenhang, Willensfreiheit und Ethik, Berlin 1979.
Reutterer, A.: An den Grenzen menschlichen Wissens, Darmstadt 1990.
Richards, R. J.: Darwin and the Emergence of Evolutionary Theories of Mind and Behavior, Chicago–London 1987.
Riedl, R.: Die Wiener Schule, in: Verh. Dtsch. Zool. Ges. 78 (1985), 5–9.
Rothschuh, K. E.: Physiologie im 16. und 17. Jahrhundert, in: Bild d. Wiss. 2 (1965), 44–51.
Rothschuh, K. E.: Iatromagie. Begriff, Merkmale, Motive, Systematik, Opladen 1978.
Ruse, M.: Darwin and Philosophy Today, in: D. Oldroyd und I. Langham (Hrsg.): The Wider Domain of Evolutionary Thought, Boston–London 1983, 133–158.
Ruse, M.: Taking Darwin Seriously: A Naturalistic Approach to Philosophy, Oxford 1986.
Saller, K.: Art- und Rassenlehre des Menschen, Stuttgart 1949.
Sander, K.: Darwin und Mendel. Wendepunkte im biologischen Denken, in: Biol. i. unserer Zeit 18 (1988), 161–167.
Schallmayer, W.: Vererbung und Auslese in ihrer soziologischen und politischen Bedeutung. Preisgekrönte Studie über Volksentartung und Volkseugenik (2. Aufl.), Jena 1910.
Scheler, M.: Die Stellung des Menschen im Kosmos, München 1947.
Schlechta, K.: Der Trend des Biologismus zur Weltanschauung im 19. Jahrhundert, in: G. Mann (Hrsg.): Biologismus im 19. Jahrhundert, Stuttgart 1973, 1–9.
Schmid, G.: Über die Herkunft der Ausdrücke Morphologie und Biologie, in: Nova Acta Leopoldina (Neue Folge) 2 (1935), 597–620.

Schmutz, H.-K.: Die „Erstbeschreibung" des Koboldmakis, in: A. Geus, W. F. Gutmann, M. Weingarten (Hrsg.), Miscellen zur Geschichte der Biologie, Frankfurt a. M. 1994, 151–161.

Schott, L.: Fuhlrott und die Entdeckungsgeschichte des Neandertalers, in: Biol. Rdsch. 16 (1978), 302–312.

Schwanitz, F.: Die Entstehung der Kulturpflanzen, Berlin–Göttingen–Heidelberg 1957.

Schwartz, J. S.: George John Romanes's Defense of Darwinism: The Correspondence of Charles Darwin and His Chief Disciple, in: J. Hist. Biol. 28 (1995), 281–316.

Schwarze, K.: Herbert Spencer, Leipzig 1909.

Schwidetzky, I.: Rassen und Rassenbildung beim Menschen, Typen – Bevölkerungen – Geographische Variabilität, Stuttgart 1979.

Seidler, E. und G. Nagel: Georges Vacher de Lapouge (1854–1936) und der Sozialdarwinismus in Frankreich, in: G. Mann (Hrsg.): Biologismus im 19. Jahrhundert, Stuttgart 1973, 94–107.

Spemann, H.: Forschung und Leben (herausgegeben von Spemann, F. W.), Stuttgart 1943.

Spencer, H.: Die Erziehung in intellektueller, moralischer und physischer Hinsicht, Leipzig 1910.

Stangeland, Ch. E.: Pre-Malthusian Doctrines of Population: A Study in the History of Economic Theory, New York 1966.

Stöhr, A.: Der Begriff des Lebens, Heidelberg 1909.

Teichmann, J.: Wandel des Weltbildes, Darmstadt 1983.

Thenius, E.: Neues vom Einhorn, in: Natur u. Museum 127 (1997), 1–10.

Tögel, Ch.: „… Und gedenke die Wissenschaft auszubeuten." Sigmund Freuds Weg zur Psychoanalyse, Tübingen 1994.

Toulmin, S.: Kritik der kollektiven Vernunft, Frankfurt a. M. 1983.

Toulmin, S. und J. Goodfield: Materie und Leben, München 1970.

Uschmann, G.: Ernst Haeckel. Biographie in Briefen, Gütersloh 1984.

Vasold, M.: Rudolf Virchow. Der große Arzt und Politiker, Frankfurt a. M. 1990.

Vicedo, M.: The Human Genome Project: Towards an Analysis of the Empirical, Ethical, and Conceptual Issues Involved, in: Biol. & Philos. 7 (1992), 255–278.

Voland, E.: Grundriß der Soziobiologie, Stuttgart–Jena 1993.

Vollmer, G.: Die vierte bis siebte Kränkung des Menschen – Gehirn, Evolution und Menschenbild, in: Philos. Nat. 29 (1992), 118–134.

Vovelle, M. (Hrsg.): Der Mensch der Aufklärung, Frankfurt a. M.–New York.

Weingarten, M.: Organismen – Objekte oder Subjekte der Evolution. Philoso-

phische Studien zum Paradigmawechsel in der Evolutionsbiologie, Darmstadt 1993.
Weingarten, M. und W. F. Gutmann (Hrsg.): Geschichte und Theorie des Vergleichs in den Biowissenschaften, Frankfurt a. M. 1993.
Weiss, S. F.: Wilhelm Schallmayer and the Logic of German Eugenics, in: ISIS 77 (1986), 33–46.
Weizsäcker, C. F. v.: Das Experiment, in: Stud. Gen. 1 (1947), 1–22.
Weizsäcker, C. F. v.: Die Einheit der Natur, München 1974.
Wendt, H.: Ich suchte Adam. Die Entdeckung des Menschen, Hamburg 1965.
Wendt, H.: Die Entdeckung der Tiere. Von der Einhornlegende zur Verhaltensforschung, München 1980.
Wilford, J. N.: The Riddle of the Dinosaur, London–Boston 1985.
Williams, G. C.: Huxley's Evolution and Ethics in Sociobiological Perspective, in: Zygon 23 (1988), 383–407.
Wilson, E. O.: Sociobiology: The New Synthesis, Cambridge/Mass.–London 1975.
Wilson, E. O.: What is Sociobiology?, in: M. S. Gregory, A. Silvers und D. Suth (Hrsg.), Sociobiology and Human Nature: An Interdisciplinary Critique and Defence, San Francisco 1978, 10–14.
Wilson, E. O.: Der Wert der Vielfalt. Die Bedrohung des Artenreichtums und das Überleben des Menschen, München–Zürich 1995.
Winkler, E.-M.: Von Kulturisten und Biologisten. Kulturation und Evolution aus der Sicht der Kulturwissenschaften und der Biologie, in: Mitt. Anthropolog. Ges. Wien 116 (1986), 107–131.
Winkler, E.-M.: Ethnos, Kultur, Rasse – Realität oder Fiktion?, in: E. Oeser und E. M. Bonet (Hrsg.), Das Realismusproblem, Wien 271–287.
Wuketits, F. M.: Wissenschaftstheoretische Probleme der modernen Biologie, Berlin 1978.
Wuketits, F. M.: Die theoretische Begründung der Biologie im 19. Jahrhundert, in: Biol. Rdsch. 17 (1979), 145–156.
Wuketits, F. M.: Biologische Erkenntnis: Grundlagen und Probleme, Stuttgart 1983.
Wuketits, F. M.: Evolution, Erkenntnis, Ethik. Folgerungen aus der modernen Biologie, Darmstadt 1984.
Wuketits, F. M.: Zustand und Bewußtsein. Leben als biophilosophische Synthese, Hamburg 1985.
Wuketits, F. M.: Charles Darwin. Der stille Revolutionär, München–Zürich 1987.
Wuketits, F. M.: Evolutionstheorien. Historische Voraussetzungen, Positionen, Kritik, Darmstadt 1988.

Wuketits, F. M.: Organisms, Vital Forces, and Machines: Classical Controversies and the Contemporary Discussion ‚Reductionism vs. Holism', in: P. Hoyningen-Huene und F. M. Wuketits (Hrsg.): Reductionism and Systems Theory in the Life Sciences. Some Problems and Perspectives, Kluwer Academic Publishers, Dordrecht–Boston–London 1989, 3–28.

Wuketits, F. M.: Gene, Kultur und Moral. Soziobiologie – Pro und kontra, Darmstadt 1990a.

Wuketits, F. M.: Konrad Lorenz. Leben und Werk eines großen Naturforschers, München–Zürich 1990b.

Wuketits, F. M.: Mögliche Grenzen der naturwissenschaftlichen Erkenntnis, in: Wiss. u. Fortschritt 42 (1992a), 99–104.

Wuketits, F. M.: Biologie, menschliche Natur und Ideologie: Zur Analyse einer unglücklichen Beziehung, in: K. Salamun (Hrsg.), Ideologien und Ideologiekritik. Ideologietheoretische Reflexionen, Darmstadt 1992b, 185–202.

Wuketits, F. M.: Remembering the Past: Modern Genetics Requires Some Lessons in History, Biol. Zbl. 112 (1993a), 89–92.

Wuketits, F. M.: Der planbare Mensch? Kritische Überlegungen aus der Sicht der Biologie, in: K. Weinke und A. Grabner-Haider (Hrsg.), Menschenbilder im Diskurs. Orientierungen für die Zukunft, Graz 1993b, 93–111.

Wuketits, F. M.: Verdammt zur Unmoral? Zur Naturgeschichte von Gut und Böse, München–Zürich 1993c.

Wuketits, F. M.: Die Entdeckung des Verhaltens. Eine Geschichte der Verhaltensforschung, Darmstadt 1995a.

Wuketits, F. M.: Evolution und Fortschritt. Mythen, Illusionen, gefährliche Hoffnungen, in: Aufklärung u. Kritik 2/2 (1995b), 39–50.

Wuketits, F. M.: Die Zukunft der Tiere, in: Universitas 51 (1996), 365–374.

Wuketits, F. M.: Soziobiologie. Die Macht der Gene und die Evolution sozialen Verhaltens, Heidelberg–Berlin–Oxford 1997.

Wundt, W.: Probleme der Völkerpsychologie (2. Aufl.), Stuttgart 1921.

Zimmermann, W.: Evolution. Geschichte ihrer Probleme und Erkenntnisse, Freiburg–München 1953.

Zirnstein, G.: Die Hauptaspekte von Lamarcks Evolutionshypothese und die Biologie vor 1859, in: Biol. Rdsch. 17 (1979), 345–366.

Zmarzlik, H.-G.: Der Sozialdarwinismus in Deutschland. Ein Beispiel für den gesellschaftspolitischen Mißbrauch naturwissenschaftlicher Erkenntnisse, in: G. Altner (Hrsg.), Kreatur Mensch. Moderne Wissenschaft auf der Suche nach dem Humanum, München 1973, 289–311.

Register

Namen

Aelianus, C. 8f.
Albertus Magnus 17f.
Aldrovandi, U. 15
Alkmaion von Kroton 50
Allen, G. E. 6. 51
Aristoteles 2. 9. 11ff. 16f. 22. 32. 72. 84. 133. 142
Asimov, I. 6. 54
Avicenna 14
Ax, P. 135

Bachmann, R. 123
Bacon, F. 43. 47
Baron, W. 133
Barthelmeß, A. 24
Bäumer(-Schleinkofer), Ä. 16. 73
Belon, P. 37f.
Bernal, J. D. 20. 54
Bingen, H. v. 23f.
Bishop, J. 125
Blumenbach, J. F. 102
Bonik, K. 45
Bonnet, Ch. 32ff.
Borelli, G. A. 45
Bowler, P. 56f. 136
Bresch, C. 125
Brockdorff, C. v. 136
Brömer, R. 92
Bruno, G. 113

Büchner, L. 50. 84. 135
Buffon, G. L. L. de 29ff. 34. 36f. 39. 136
Burdach, K. F. 133

Carson, H. L. 127
Chambers, R. 136
Cohen, J. 43f.
Cuvier, G. de 136. 143

Dante Alighieri 7
Darwin, Ch. 4. 21. 39. 42. 55ff. 61–88. 90. 94ff. 102. 106f. 111. 113. 115f. 127. 135. 137f. 141ff. 145
Dawkins, R. 107
Demokrit 2. 133f.
Dennert, E. 87ff.
Descartes, R. 45. 135
Desmond, A. 61. 68. 74
Diderot, D. 14
Dioskorides 22. 24
Dobzhansky, T. 55. 103. 106
Driesch, H. 122
Dubois, E. 77
Duchesne, A. N. 135
Dulbecco, R. 127
Dunn, L. C. 103

Eigen, M. 131
Empedokles 2

Engelhardt, W. 124
Engels, F. 111. 138

Feyerabend, P. 27
Flad-Schnorrenberg, B. 23 f.
Franz Joseph I. 96. 98
Freud, S. 12. 94–97. 109
Friedrich II. 41
Fuhlrott, J. C. 76

Galen (Galenos) 22 f. 48
Galilei, G. 46. 130
Gall, F. J. 137
Galton, F. 115 f.
Geoffroy Saint-Hilaire, E. 134
Gesner, C. 15. 29
Glass, B. 136
Goethe, J. W. v. 1. 35
Goll, R. 56. 61
Goodfield, J. 47
Gould, S. J. 62. 91. 93 f. 136
Grmek, M. 43
Gutmann, W. F. 37. 45

Haeckel, E. 74 f. 77. 83. 87–94. 96 ff. 100. 113 ff. 134. 137. 141
Harvey, W. 48 ff. 135
Hausmann, R. 6. 124 ff. 130
Hays, H. R. 30
Heberer, G. 70. 102
Heitler, W. 52
Hemleben, J. 74. 80. 88
Herder, J. G. 34
Herre, W. 134
Hertwig, O. 116
Hobbes, T. 109. 138
Hölder, H. 62
Hooke, R. 26
Humboldt, A. v. 32. 39. 42
Hutton, J. 62

Huxley, J. 67. 142
Huxley, T. H. 67. 73 ff. 83. 99

Jacob, F. 4. 27. 49. 133
Jahn, I. 6. 12. 15. 22. 30. 32. 40. 50. 89. 107
Janik, A. 95
Jeßberger, R. 82
Johansson, I. 6
Jürß, F. 2. 133

Kambartel, F. 133
Kant, I. 14. 53. 89. 102
Katharina II. 41
Kedrow, B. M. 112
Keitel-Holz, K. 88
Kepler, J. 46. 135
Kielmeyer, C. F. 137
Koch, H. W. 113
Kopernikus, N. 46. 96
Kraus, K. 95 f. 137
Kuhn, W. 49

Lamarck, J. B. de 30 f. 55. 58 f. 62. 133. 144
Lamettrie, J. O. de 45
Lange, F. A. 83
Lapouge, G. V. de 116. 138
Leibniz, G. W. 53. 55. 59. 72. 136
Leonardo da Vinci 50
Leukipp 2. 133
Lewis, G. 41
Lewontin, R. C. 119
Linné, C. v. 36 f. 40. 73. 107
Lohff, B. 50
Lombroso, C. 91 ff. 97 f. 144
Lorenz, K. 67. 117
Lovejoy, A. O. 55
Lumsden, Ch. 108
Lyell, Ch. 62 f. 73
Lyssenko, T. D. 112. 118

Mägdefrau, K. 6. 22
Malthus, T. R. 64
Manier, E. 61
Mann, G. 116
Martin, G. P. R. 15
Marx, K. 111. 138
Mason, S. F. 21. 59. 66. 104
Mayr, E. 2. 5. 35. 38. 57. 61. 63. 66. 79. 89 f.
Mendel, G. 69
Meyer-Abich, A. 35. 42
Meyer-Steineg, T. 137
Mierau, S. 36
Milner, R. 81
Mitschurin, I. W. 112
Mohr, H. 3. 128
Moleschott, J. 51 f.
Moore, J. 61. 74
Morris, P. A. 29
Mühlmann, W. E. 102 f. 116
Müller, G. H. 61. 137
Müller-Hill, B. 117. 119. 126

Nachtigall, W. 24 f.
Nagel, G. 116
Newton, I. 46. 113

Oeser, E. 3. 11. 26. 31. 37. 40. 46. 50. 57. 59. 64. 100. 112. 121. 133
O'Hara, R. J. 40 f.
Oken, L. 35. 133
Osche, G. 106. 135
Owen, R. 68

Pallas, P. S. 40. 135
Paracelsus, T. 24
Paré, A. 14
Pascal, B. 71
Pennock, R. T. 57
Peters, H. M. 116
Plautus, T. M. 138

Plinius d. Ä. 7 ff. 11. 31
Popper, K. R. 11
Prel, C. F. du 66

Querner, H. 64 f. 77. 83

Ramòn y Cajal, S. 51
Regelmann, J.-P. 112
Rensch, B. 97 f.
Reutterer, A. 131
Richards, R. J. 59. 81
Riedl, R. 96
Röhrs, M. 134
Romanes, G. J. 80 f. 137
Rothschuh, K. E. 24. 49
Roux, W. 122 f.
Ruse, M. 64. 106. 109
Ruska, E. A. F. 134

Saller, K. 103
Sander, K. 70
Schaaffhausen, H. 76
Schallmayer, W. 115 f.
Scheler, M. 101
Schelling, F. W. 35
Schlechta, K. 99
Schmidt, G. 133
Schmutz, H.-K. 29
Schott, L. 76
Schwanitz, F. 20
Schwartz, J. S. 137
Schwarze, K. 136
Schwidetzky, I. 103
Sedgwick, A. 65
Seidler, E. 116
Seitelberger, F. 50
Sherrington, Ch. S. 51
Spemann, H. 121 ff.
Spencer, H. 57 ff. 63. 89 f. 100. 138
Stangeland, Ch. E. 136
Stöhr, A. 12

Sudhoff, K. 137
Swammerdam, J. 26f.

Teichmann, J. 46
Thenius, E. 9
Tögel, Ch. 94
Toulmin, S. 25. 47. 95
Treviranus, G. R. 133
Troll, W. 135
Tyson, E. 73

Uschmann, G. 88

Vasold, M. 86
Vaucanson, J. de 3. 43
Vesalius, A. 48. 50
Vicedo, M. 125
Virchow, R. 85
Voland, E. 107
Vollmer, G. 96
Vovelle, M. 53

Waldholz, M. 125
Wallace, A. R. 81
Watson, J. B. 138
Weingarten, M. 37. 69
Weiss, S. F. 116
Weizsäcker, C. F. v. 3f.
Wendt, H. 9f. 77
Wilford, J. N. 68
Wilhelm II. 96
Williams, G. C. 75
Wilson, E. O. 107ff. 124. 127. 138
Winkler, E.-M. 103. 118
Wöhler, F. 49
Wuketits, F. M. 2. 4. 6. 9. 26. 44. 49. 63. 67. 71. 80. 82. 102. 106. 109. 111. 117f. 124. 126f. 131. 133. 135f. 138
Wundt, W. 95

Zimmermann, W. 6. 8. 33. 36. 40. 56. 68. 136f.
Zirnstein, G. 62
Zmarzlik, H.-G. 117

Sachen

Abendland 17
Abstammung, gemeinsame 37. 39. 71
Affenfrage 71. 74
analytische Methode 31. 59
Anatomie 11. 23. 48. 78. 89. 105. 135
Anpassung 58. 127
Anthropologie 101ff. 117. 141
Antike 9. 15ff. 22ff. 46. 49. 72
Archetyp 68. 141
Ästhetizismus 36. 141
Astronomie 48
Aszendenz 68. 141
Atavismus 92

Atomismus 133
Aufklärung 53. 56. 136. 141

Barock 53
Behaviorismus 138
binäre Nomenklatur 73
Biochemie 135
biogenetische Regel 90. 100. 137. 141
Biologie 2–6. 10. 21f. 27. 31. 37. 41. 47. 60. 64. 69. 89. 111f. 121–126. 128–132. 137
– als Gesamtwissenschaft vom Leben 26. 55. 133
–, Begriff der 1. 54. 133
– und Menschenbild 105ff.

Sachen

– und Technik (s. auch Gentechnik) 27
–, vergleichende 135
–, Weltbildfunktion der 4
Biologismus 141
Biotechnologie 139
Botanik 6. 15. 22f. 26. 133
–, pharmazeutische 22
Buntschriftstellerei 133

Darwinismus 63. 88. 116. 142
Deszendenz 68. 142
Determinismus 97. 107. 142
Dionosaurier 68
Drittes Reich 4. 103. 116ff. (s. auch Nationalsozialismus)

Einhorn 9f. 19
Elektronenmikroskop 26. 134
Embryologie 27. 78. 89. 91
Entelechie 16. 122
Entomologie 26
Entwicklungsbiologie 91. 122. 139
Entwicklungsmechanik 122. 125
Entwicklungsphysiologie 122. 139
Erbanlage-Umwelt-Debatte 118
Ethik 109f.
Eugenik 115. 142 (s. auch Rassenhygiene)
Evolution 37. 39. 53–58. 62. 66f. 75. 85. 99f. 106. 108. 113. 127. 138
evolutionäre Psychologie 80
evolutionärer Humanismus 67. 142
Evolutionstheorie 10. 14. 32. 42. 55. 57–61. 63. 67. 82. 90. 94. 106. 136. 138. 142
Experiment 3

Fabelwesen 7ff. 15. 130
Falsifizierbarkeit 11

Fortschritt 35. 55ff. 60. 66ff.
Fossilien 68

Gehirn 50
Gehirnforschung 50f. 94 (s. auch Neurobiologie)
Gen(e) 107. 125. 139. 142
generatio spontanea 12
Genetik 6. 27. 69. 117. 122. 126
Genom 109. 125. 139
Gentechnik (Gentechnologie) 4f. 28. 109. 127–131. 139. 142
Gentherapie 127. 142
Geognosie 31
Geologie 62. 67. 104. 142
–, historische 62. 142
Gradualismus 56. 63

Harnstoffsynthese 49
Haustiere 134
Himmelsmechanik 46
Historia animalium 11. 15
Historia naturalis 7. 142
Homologie 37
Humanbiologie 102. 143
Human Genome Project 125

Iatromagie 24. 143
Iatromechanik 44. 143
Idealismus 143
idealistische Morphologie 35f. 143
Ideologie 4. 88. 104. 111ff. 115f. 119. 127f. 143
Induktion 47
industrielle Revolution 54. 64. 143

Katastrophentheorie 136. 143
Klonierung 125. 139
Kontinuitätsprinzip 55. 143
Kreationismus 82. 143
Kriminalanthropologie 92. 144

Kriminologie 90
Kultur 106 ff.

Lamarckismus 58. 144
Liberalismus 127
Lyssenko-Affäre 112

Maschinentheorie des Lebens 44. 48. 144
Materialismus 49. 52. 83 ff. 88. 144
–, historischer 119. 138. 143
Mechanik 2. 45 f. 48. 144
mechanische Ente 43 f.
Mechanismus 2. 52. 144
Mechanismus-Vitalismus-Streit 2
Medizin 22 f. 26. 28. 85. 105. 122. 127 f.
Menschenaffen 71. 136
Metaphysik 2
Mikrobiologie 27
Mikroskop 25 f.
Mittelalter 17. 23
Molekularbiologie (-genetik) 6. 124
monistische Philosophie 89. 93. 144
Moralverhalten 108

Nationalsozialismus 103. 117. 126
Naturalienkabinette 30. 39
Naturerfahrung 47
Naturgeschichte 7. 29–32. 35 ff. 39 ff. 72. 144
natürliche Auslese 21. 56 f. 69. 84 f. 118 (s. auch Selektion)
Naturphilosophie 35. 144
–, romantische 35 f. 145
Neandertaler 76 f. 137
Neurobiologie 50. 105
Neuronentheorie 51
Nutzpflanzen 20 f.

Ökologie 137

Paläanthropologie 77. 144
Paläontologie 62. 67. 145
Pariser Nationalmuseum 30 ff.
Pharmakologie 22
Philosophie 59. 81. 89. 133
Phrenologie 92. 137. 145
Physik 2. 16. 46. 48. 84. 89
Physiologie 23. 48 f. 84. 105
Polytheismus 1
Psychoanalyse 94 f. 145
psychogenetisches Grundgesetz 100. 145
Psychologie 81. 90
Punktualismus 136

Rasse 102 ff. 113. 115 ff. 145
Rassenhygiene 115. 145
Rassenwahn 103
Renaissance 22. 46. 50. 145
Romantik 145

scala naturae 32 (s. auch Stufenleiter)
Scholastik 15
Seele 16 f. 50
Selektion 56. 65 ff. 69. 116
Selektionstheorie 61. 63. 70. 77. 145
Sozialdarwinismus 58. 79. 113. 115 ff. 119. 146
Soziobiologie 106–109. 119. 138. 146
Stalinismus 112
Stammbaum 40 f. 135. 137. 146
Stufenleiter 32 ff. 40. 72. 146
System, künstlich-diagnostisches 37. 135
–, natürliches 37. 135
Systematik 15. 36. 73. 89. 135. 146

Taxonomie 36. 135
Teratologie 134
Tiersektionen 23
Tierversuche 23

Transmutation 61
Transplantationsmedizin 28
Typen (Urbilder) 35

Uniformitarismus 62. 146
Urzeugung 12. 27
Urzeugungslehre 12. 14

Ventrikellehre 50
Verhaltensforschung 6. 9. 80. 105
Viktorianisches Zeitalter 146
Vitalismus 2. 146

Vitalkräfte 2
Vogelflug 24f.

Wiener Schule 96

Zelle 26f.
Zelltheorie 26. 146
Zoologie 23. 26. 88f. 133
Zuchtwahl, künstliche 21. 69
–, natürliche 56. 66 (s. auch natürliche Auslese, Selektion)
Zytologie 27